Amerika und Wir

Ein Wink am Scheideweg

Von

Dr. v. Scheller-Steinwartz

München und Leipzig
Verlag von Duncker & Humblot
1919

Alle Rechte vorbehalten.

I.

Wenn der Krieg der Vater aller Dinge ist, so wird er auch der Vater des ewigen Friedens sein. Wir haben Grund, zu hoffen, daß diese Zeugung erfolgt ist, und er, ein umgekehrter Saturn, von seinem Kind aufgefressen werden wird.

Der große Gedanken des Völkerfriedens ist in greifbare Form gefaßt und in greifbare Nähe gerückt. Nicht wird die Friedensgöttin fertig einem Haupt entspringen wie einst die Göttin des Kriegs: die Geburt des Völkerfriedens steht am Ende einer langen Entwicklungsreihe, wenn auch seine Grundgedanken schon der europäischen Kulturmenschheit im frühen Dämmern vorschwebten und Ausdruck finden in ihrem ersten großen Geisteswerk: die Völkerbundsidee bildet den Grundgedanken der Ilias. Die Stufen der Entwicklung sind die immer größeren Kreise, in denen sich die Betätigung des Kriegsgedankens abspielt. Mann gegen Mann, Sippe gegen Sippe, Stadt gegen Stadt, Ländchen gegen Ländchen, Staat gegen Staat, Staatenbund gegen Staatenbund, Volk gegen Volk, Völkerbund gegen Völkerbund sind die Etappen auf dem Wege der Entwicklung, die jetzt daher an ihrem Ende angekommen ist, weil größere Kreise nicht mehr denkbar sind. Vielleicht auch wieder an ihrem Anfang, mögen Pessimisten sagen, die einen Fortschritt für ausgeschlossen und die göttliche Erziehung des Menschengeschlechts für einen fruchtlosen Versuch am untauglichen Objekt halten. Wohl geben ihnen leider die Vorgänge in deutschen Städten recht, wo der Kampf Mann gegen Mann und Sippe gegen Sippe schon wieder begonnen hat, und die Menschheit also wieder auf ihre unterste Stufe zurückgesunken ist, weil sich im Volk der Dichter und Denker Meinungsverschiedenheiten über die Theorie der vollkommensten Menschenbeglückung und der höchsten Entwicklung des Daseins gebildet haben.

Optimisten werden glauben, daß dies nur die letzten Zuckungen einer sterbenden Plage sind und zusehen, wie der Traum vom Friedenstag in die Wirklichkeit umgesetzt, oder vielmehr wie beim letzten Kind des Krieges Geburtshilfe geleistet werden kann.

Kongresse haben im allgemeinen den Befähigungsnachweis zu schöpferischer Arbeit noch nicht geliefert. Auch der, dessen Haupt die Friedensgöttin entspringen soll, scheint schon in seinen Grundlagen unsicher; Zwiespältigkeit wird vielleicht nur vermieden werden können, wenn er sich als Rumpfkongreß konstituiert und damit wieder jede Autorität aufgibt.

Wie alle großen Dinge, kann auch der Völkerbund, der der Hort des Weltfriedens sein soll, sich nur organisch entwickeln. Mag es auch gelingen, ihn äußerlich zu konstruieren und mit Befugnissen auszustatten, die den Frieden sichern: Macht wird er erhalten nicht durch Statuten und Majoritätsbeschlüsse, sondern allein durch innere Kraft; und diese wieder wird ihm erwachsen nicht durch ein labiles Gleichgewicht einiger Dutzende von Gliedstaaten verschiedenster Bedeutung und entgegengesetzter Interessen, sondern **durch einen starken Kern von mindestens zwei großen Völkern, die, durch keinen politischen Interessengegensatz geschieden,** durch wirtschaftliche Bande eng vereint, in natürlicher Gravitation die anderen an sich ziehen oder, um ein anderes Bild zu gebrauchen, das Rückgrat des neuen Körpers bilden.

Mögen es die Eifersucht und die Sonderinteressen der anderen feindlichen Staaten nicht zugestehen oder hintertreiben wollen: **Amerika hat die Führung in der ganzen Völkerbundsbewegung und wird sie auch im Bunde** behalten müssen, wie kollektivistisch auch immer er sich gebärden mag. Es wird die Führung so lange behalten müssen, bis durch sukzessive Angliederung, durch Ankristallisation aus den einzelnen Gliedern eine kompakte Masse geworden ist: eine Einheit, von einheitlichem Willen beseelt; nicht mehr eine auf das schwanke Gleichgewicht wirkende arithmetische Zufallsmehrheit von divergierenden Einzelstimmen.

Dann wird die Frage belanglos sein, ob das Völkerrecht Gesetz oder Vertrag ist und wie man dessen Einhaltung erzwingen kann. Amerika in engster Interessengemeinschaft mit einem großen europäischen Volke wird ein Gewicht in der Wagschale bilden, das kein böser Wille anderer aufwiegen kann. **Dies europäische Volk kann nur Deutschland sein**, weil zwischen ihm allein und Amerika eine Interessen- und Gefühlsgemeinschaft möglich ist, wie sie sich auch im Völkerbund als eine machtvolle Einheit geltend machen könnte. **Das Verhältnis zwischen beiden soll kein Bündnis sein und kein Handelsvertrag**, sondern ohne Rücksicht auf bestehende Formen **einen neuen Inhalt haben, eine Art politischer Symbiose** sein, die beiden zum Vorteil dient, ohne einen dritten zu verletzen oder zu bedrohen.

Prinz Max von Baden sagt im Hinblick auf

das jetzige Verhalten der Entente gegenüber Deutschland mit Recht[1]): »Der Völkerbund — nicht als bloßer Zweckverband zur Verhütung und Ahndung des Rechtsbruchs, sondern als einer Gemeinschaft vertrauender Nationen mit einer schöpferischen Kraft, die heilt und hilft und aufbaut —, dieser Völkerbund ist für meine Generation tot.« Der einzige Weg, den Völkerbund lebendig zu machen, scheint mir der, daß zwei Völker zunächst eine »Gemeinschaft vertrauender Nationen« mit heilender, helfender Kraft bilden gegenüber dem Zweckverband zur Vernichtung des einen. Diese Gemeinschaft wird durch ihre überlegene sittliche Kraft die anderen, zunächst die neutralen Völker, in ihren Bann ziehen und durch eben diese Kraft den Raubverband sprengen und angliedern. Wenn anders es dem Präsidenten Wilson je ernst war mit seinen großen Plänen — und man muß das glauben —, liegt hier der Weg, sie auszuführen, nachdem ihn die Entente so schamlos im Stich gelassen hat.

[1]) »Völkerbund und Rechtsfriede«. Preuß. Jahrb., März 1919.

II.

Grundlage jedes künftigen Verhältnisses der Nationen zueinander muß unter allen Umständen die Gerechtigkeit sein, und deshalb ist das erste Erfordernis, daß in der Beurteilung Deutschlands durch seine Feinde endlich die Wahrheit siegt über die Einbildungen, die diesen kaltrechnende Politik einerseits, glühender Haß über die erlittenen Niederlagen andererseits eingegeben haben.

Nur die Amerikaner sind frei davon, weil sie realpolitisch derartige Mittel zur Gewinnung des Übergewichtes nicht nötig hatten, und weil sie ihrem Charakter nach für derartige Leidenschaften oder doch für so entsetzliche Formen ihrer Äußerung zu viel innere Vornehmheit und Selbstbeherrschung besitzen.

Wir haben es während des ganzen Krieges erlebt, daß Frankreich sich sowohl in der Behandlung der Gefangenen, besonders seitens der Bevölkerung, als in anderer Beziehung der raffiniertesten Grausamkeit und niedriger Leidenschaftlichkeit schuldig gemacht hat. Wir erleben es jetzt tagtäglich, daß es in den besetzten Gebieten auf roheste Weise sein Mütchen an Unschuldigen kühlt und Schandtat auf Schandtat folgen läßt.

Daneben steht die durch keine Spur von politischer Vernunft gezügelte Maßlosigkeit der Forderungen für Waffenstillstand und Frieden, die statt aller vernünftigen Erwägungen immer nur das vae victis des ersten gallischen Feldherrn wiederholen, mit dem dieser schon den ersten barbarischen Sieg der Gallier schändete. Diese beiden Erscheinungen zeigen die Franzosen in einem Rausch und Taumel, der dadurch zu einem wahren Paroxysmus gesteigert worden ist, daß ihnen, die schon am Rande des Abgrundes standen, der Sieg in vollkommen überraschender Weise durch die Amerikaner geschenkt wurde. Anders stand es mit England. England war während des Krieges, trotz der Hinterhältigkeit und Selbstsucht seiner Politik, stets von uns als ein anständiger Gegner geachtet worden, dessen Kampfesart ehrlich und vornehm war und der dieselben Gesinnungen auch den Gefangenen gegenüber zur Geltung brachte. Erst in neuester Zeit scheint auch in England Volk und Regierung von dem Wahnwitz ergriffen worden zu sein, den der überraschende Sieg über den so lange gefürchteten Gegner erzeugt hat: die Art, in welcher es die Rücksendung der doch vollkommen schuldlos und unbeteiligten Internierten bewerkstelligt, die der schlimmsten Verbrecher kaum würdige

Behandlung, die es ihnen angedeihen ließ, sprechen jeder Menschlichkeit und jedem sittlichen Gesetz Hohn. Hier vermag nur Amerika eingreifend zu helfen und die Ehre der Menschheit des 20. Jahrhunderts zu retten. Wir wissen freilich, daß die amerikanische öffentliche Meinung während des ganzen Krieges vollkommen abhängig gewesen ist von dem, was die englische Pressezentrale ihr mitzuteilen für gut fand; durch diese Abhängigkeit hat die verlogene Greuelpropaganda und die Entstellung der Vorgeschichte und Geschichte des Krieges die öffentliche Meinung in Amerika stark gegen Deutschland zu beeinflussen vermocht. Auch die vielen tüchtigen und ehrlichen amerikanischen Kriegskorrespondenten, die noch in den ersten zwei Jahren des Krieges durch eigene Anschauung die Wahrheit erkannten und gegen die Fälschung der amerikanischen öffentlichen Meinung ritterlich ankämpften, waren schließlich gegen die einseitige, immer mächtiger werdende Northcliffesche Propaganda machtlos geworden. Wenn wir daher jetzt in Amerika Berufung einlegen gegen die ungerechte Verurteilung, die das Verhalten unseres Volkes auf der ganzen Welt erlitten hat, so müssen wir a populo male informato ad populum melius informandum appellieren. Wie der vormalige

Reichskanzler von Bethmann-Hollweg kürzlich erklärte, er sehne den Augenblick herbei, in dem er die Politik der deutschen Regierung vor einem zuständigen vorurteilsfreien Gerichtshof darlegen könne, so wünscht das ganze deutsche Volk, daß endlich von einer solchen Instanz auch s e i n gesamtes Verhalten vor und während des Krieges geprüft werden möge. Obwohl Amerika auf seiten unserer Feinde stand, obwohl es ganz allein durch seine überlegene frische Kraft unsere schließliche Niederlage herbeigeführt hat, ist unser Vertrauen in die Vornehmheit und Gerechtigkeit seiner Gesinnung, wie in die geistige Unabhängigkeit seines Präsidenten so groß, daß wir es rückhaltslos als Richter anerkennen würden, wenn es nur erst möglich wäre, ihm Tatbestand und die Elemente des Urteils zu unterbreiten. Wir brauchen nicht um Gnade zu flehen, wir brauchen nicht an Mitleid und Menschlichkeit zu appellieren, wir brauchen ihnen nicht vorzuhalten, daß eine vollkommene Vernichtung Deutschlands ein Schaden für die Welt und vor allem für diejenigen selbst sein würde, die jetzt nicht laut genug nach der Erdrosselung Deutschlands schreien können: was wir erbitten, ist lediglich Gerechtigkeit[1].

---

[1] Vgl. des Verfassers »Offenen Brief an den amerikanischen

Die verdächtige Eile, mit der feit einiger Zeit die Franzofen und Engländer den Friedensfchluß betreiben, damit deffen Diktierung noch unter dem Eindruck ftattfinden möchte, daß Deutfchland nicht ein durch Übermacht niedergerungener Feind, fondern ein auf jede Weife zu beftrafender und unfchädlich zu machender Verbrecher fei, zeigt, wie notwendig eine fchleunige Unterfuchung und Feftftellung der Wahrheit in diefer Richtung ift. Gerade weil die falfche, der ganzen Welt eingehämmerte Behauptung von der alleinigen deutfchen Schuld am Kriege und den deutfchen Barbareien die einzige Entfchuldigung für die Graufamkeit des beabfichtigten Friedens bildet, ift es unbedingt notwendig, daß noch vor Zufammentritt der Friedenskonferenz, jedenfalls vor deren Wahrfpruch, die genauefte Unterfuchung und Feftftellung aller Tatfachen ftattfindet. Wir richten den dringenden Ruf an Amerika, diefe Unterfuchung auch gegen diejenigen feiner Verbündeten zu erkämpfen, die alles Intereffe daran haben, daß die Wahrheit auch weiterhin unterdrückt und die öffentliche Meinung gefälfcht bleibe; denn auch die Tatfache darf von diefer Unterfuchung nicht ab-

---

Vertreter in München«, Dr. Fields, in der »München-Augsburger Abendzeitung« vom 15. und 16. Februar d. J.

halten, daß vielleicht die heftigsten Ankläger mindestens als Mitschuldige daraus hervorgehen könnten.

Einmal wird die Wahrheit ans Licht kommen, so oder so; und wenn die Weltgeschichte das Weltgericht ist, so muß einmal der große Freispruch von den meisten und schlimmsten Anklagen erfolgen. Möge das geschehen, ehe der völkerrechtliche Justizmord, den Frankreich und England vorbereiten, begangen wird und ehe Deutschland auch nur einen Teil der unverdienten Strafen verbüßt hat. Der Frieden würde der sittlichen Grundlage entbehren, wenn Deutschland seine Unterschrift nur mit einem »Exoriare« darunter setzen könnte.

III.

Aber noch ein anderer Punkt bedarf der Feststellung, bevor in die Friedensverhandlungen eingetreten wird, weil er ihren Geist und ihren Inhalt stark zu beeinflussen geeignet ist. Namentlich die Franzosen bemühen sich unausgesetzt, die Notwendigkeit der vollständigen militärischen Vernichtung Deutschlands für alle Zeiten zu predigen und ihm Bedingungen aufzuzwingen, die einer Entmannung gleichkommen. Wie dies wieder beweist, kam ihnen der Sieg so unerwartet, daß sie noch gar nicht recht daran glauben können und ganz von der Furcht des schlechten Gewissens beherrscht sind, er möchte ihnen eines Tages wieder entrissen werden, sobald sich der so mühsam mit vereinten Kräften niedergeworfene deutsche Koloß wieder zu regen vermöchte. Es zeigt dies aber vor allem, daß sie sowohl die Lage Deutschlands wie seinen Geist vollständig verkennen; und auch hier wäre es die Aufgabe des besonnenen, weder von Furcht noch von Leidenschaft beeinflußten Amerika, der Vernunft zum Siege zu verhelfen. Sie verkennen die wirkliche Lage, weil Deutschland tatsächlich auf lange Zeit hinaus jeglicher militärischen Kraftleistung unfähig sein wird. Seine Erschöpfung infolge des Riesenkampfes gegen die erdrückende Übermacht ist natürlich weit größer als die seiner Gegner, die diese Übermacht bildeten. Die innere Zersetzung durch die eigene Revolution und das von außen eingedrungene bolschewistische Gift ist zu groß, als daß es eine auch nur zur Notwehr ausreichende militärische Stärke wieder gewinnen könnte. Was aber vor allem von den Franzosen, und nicht von ihnen allein, verkannt wird oder nicht gesehen werden will, ist die tiefe innere Umwandlung, die in Deutschland vor sich gegangen ist. Wir haben eine vollkommene Umwälzung unserer Gedankenwelt erlebt. Sie ist nicht so plötzlich gekommen — wie es wohl geschienen haben mag —, daß sie auch plötzlich wieder vergehen könnte; unter der harten, aber immer dünner gewordenen Oberfläche des alten Staates, die in ihrer Starrheit undurchdringlich war, hatte sich die neue Geistesrichtung längst eine neue Gedankenwelt geschaffen; sie war fertig, schon ehe sie die starre, aber morsche Decke durchstieß und zertrümmerte, die sie verborgen hielt. Kein Augenblicksprodukt ist diese demokratische Umwälzung; sie ist das Ergebnis einer Evolution, nicht einer Revolution, und das ist der Grund, weshalb ihre leitenden Ideen Bestand haben werden, auch wenn nicht alle ihre ſtaatsrechtlichen und wirtſchaftlichen Erſcheinungsformen von Dauer ſein ſollten.

Die Revolution hat eine politiſche Umwälzung gebracht, die im Ausbau der neuen Verfaſſung noch am Werke iſt und das Syſtem der Staatsverwaltung von Grund aus verändern ſoll. Sie ſoll eine wirtſchaftliche Umwälzung bringen durch Neuformung des Syſtems der Gütererzeugung und der Güterverteilung.

Das erſtere wird inſoweit gelingen und Beſtand haben, als der Übergang vom abgetanen und überlebten Obrigkeitsſtaat zum Volksſtaat, von der allgemeinen Staatsautorität zur Selbſtverwaltung in einer Weiſe vollendet wird, die die drohenden Extreme des Zuchthausſtaates wie der Auflöſung des feſten Staatsorganismus in eine molluskenhafte Räterepublik vermeidet. Es wird gelingen, ohne Rückſicht auf die gegenſätzlichen Doktrinen, zwiſchen denen der Staatsbegriff hin und her geworfen wurde, aus den lebendigen Kräften heraus, die in der ganzen Nation frei geworden ſind.

Die ſozialiſtiſche Theorie iſt bisher am Staatsbegriff ſcheu vorbeigeſchlichen, und wo ſie ſich mit ihm beſchäftigte, geſchah es in widerſpruchsvoller Unklarheit der Anſchauungen und Ziele.

Das deutſche Bürgertum hat ſich von der Anbetung des Hegelschen Staates als »lebendigen Gottes auf Erden«, wie von der alten bequemen Liebe zum »Nachtwächterstaat« frei gemacht, ohne doch der rein individualistischen Staatsauffassung der Westmächte zu verfallen, die durch Emile Boutroux und Denys Cochin ihre neuen Vertreter fand. Die metaphysische Verhimmelung des Staatsidols ist abgetan, und die neuen Anschauungen werden den Staat als L e b e n s - f o r m betrachten und gestalten, mit der jeder gemeingefährliche Absolutismus, der von oben wie der von unten, ebenso unvereinbar ist wie Klassenherrschaft von oben oder von unten, weil es in jenen Sphären kein oben oder unten gibt.

So schwer es hier sein wird, die werdenden und fließenden Kräfte alsbald zu erfassen und durch Majoritätsbeschluß in starre Form zu binden, so leicht werden Schwankungen in der politischen Neugestaltung eintreten können. Viel mehr aber noch in der wirtschaftlichen. Hier soll eine organische Entwicklung des Lohnsystems unterbrochen und zerstört werden, von der ein sicherer Fortschritt der Lage der arbeitenden Klasse erwartet werden konnte, und mit der sich, mehr oder weniger eingestandenermaßen, fast alle Führer der sozialdemokratischen Partei ausgeföhnt hatten, denen das praktifche Ziel wichtiger dünkte als die theoretifche Doktrin.

Hier will die Revolution die Evolution jäh unterbrechen und dem längft veralteten Schibboleth der Marxfchen Theorien zuliebe die gefährlichften Experimente vornehmen. Hier müffen, wenn allzurafch vorwärts gegangen wird, ftarke Rückwärtsbewegungen eintreten.

Aber was unbedingt bleiben wird, ift die ganze Gedankenwelt, die durch die Umwälzung zur Herrfchaft kam, die Auffaffung von der Stellung des einzelnen Menfchen in der Volksgemeinfchaft und des einzelnen Volkes in der Menfchheit; die Abkehr vom Imperialismus, die allgemeine Durchtränkung mit den Ideen vom Weltfrieden, die in den Geiftern deutfcher Denker fchon immer vorangeleuchtet haben. Auch was die Feinde Militarismus nannten, wird das deutfche Volk gern aufgeben, wenn es nicht mehr durch ewig drohende Nachbarn gezwungen ift, die fchwere Rüftung zu fchleppen, die es fich immer ftärker fchmieden mußte. Auch von der Abrüftung muß man fagen: »que messieurs les assassins commencent«. Laffen die Nachbarn Deutfchland lebensfähig und unverftümmelt aus dem Frieden hervorgehen, werden fie keine Rüftungen je wieder zu fürchten haben, die über das zur Abwehr räuberischer Einfälle östlicher Nachbarn notwendige Maß hinausgehen. Deutschlands Volk ist militärisch gewesen, aber nie kriegerisch, wie die Franzosen, die beides, oder die Polen, die nur kriegerisch, nie militärisch waren. Es hat nie seines Nächsten Haus und Hof begehrt.

Es ist hier nicht der Ort, eine Apologie Deutschlands im einzelnen zu geben, aber es mußte vorweg betont werden, auf welcher Grundlage das neue Verhältnis einzig aufgebaut werden kann, das in Folgendem nicht nur zur Errettung Deutschlands, sondern zum Vorteil Amerikas und zum Wohle der ganzen Kulturwelt angeregt werden soll.

IV.

Bis zum Ausbruch des Krieges hat Deutschland die ganze Welt mit vorzüglichen Gütern verfehen. Dank der Entwicklung feiner Wiffenfchaft, der vorzüglichen Arbeit feiner Arbeiter, der Höhe feiner Technik, der Organifation feiner Betriebe, vor allem aber dank der ganz einzigartigen Weife, in der alle diefe Elemente der Gütererzeugung zufammenarbeiteten, war es der deutfchen Volkswirtfchaft gelungen, Güter zu erzeugen von einer fo befonderen Qualität und in folcher Menge, daß fie auf dem ganzen Weltmarkt in immer fteigendem Maße anerkannt und gefucht wurden. Gerade durch die erwähnten Eigenarten der deutfchen Produktion war es zu erklären, daß ein bedeutender Teil der deutfchen Riefenausfuhr in Wahrheit mit der Gütererzeugung anderer Länder nur wenig in fchädlichen Wettbewerb trat, weil viele der ausgeführten Güter in keinem anderen Lande in gleicher Weife hergeftellt werden konnten. Der Krieg und die damit verbundene Unterbrechung der deutfchen Ausfuhr hat allen Abnehmervölkern gezeigt, wie notwendig fie viele deutfche Erzeugniffe brauchten und wie wenig fie in der Lage waren, felbft ausreichenden Erfaß dafür zu fchaffen. Troß riefigfter

Kapitalaufwendung, allseitigster Anstrengung und rücksichtslosester Spionage ist es nirgends gelungen, für die deutschen Farbenerzeugnisse einen auch nur annähernd gleichwertigen Ersatz zu schaffen. Das gleiche gilt von den Erzeugnissen unserer feinmechanischen und unserer Maschinenindustrie mit ihren vielfachen Spezialitäten, von unseren Web- und Wirkwaren, die auf der ganzen Welt und ihren Märkten eine Klasse für sich bildeten.

Andererseits hat die englische, französische und amerikanische Ausfuhr einen ihrer stärksten und besten Kunden in dem deutschen Wirtschaftsgebiet gehabt. Die immer steigenden Ausfuhrzahlen bewiesen das. Zwischen den vier Nationen, am meisten zwischen Deutschland und den drei anderen, waren die gegenseitigen Handelsbeziehungen auf dem Wege, sich dem weltwirtschaftlichen Idealzustand einer internationalen Arbeitsteilung zu nähern, nach welchem jede Nation nur d i e Güter erzeugt, die der Eigenart, der Natur ihres Landes, der Fähigkeit ihrer Arbeiter und den Leistungen ihrer Wissenschaft und Technik am meisten entsprechen und die Nationen sich dann untereinander aushelfen und ergänzen.

Die hohe Entwicklung der Technik, der Induſtrie und des Kunſtgewerbes, ſowie das vorzügliche Material an ſeefahrender Bevölkerung, das die deutſche Waterkant bot, hatte ferner einen Aufſchwung der deutſchen Seeſchiffahrt erzeugt, der ebenfalls anderen Nationen zugute kam. Für den Verkehr von Perſonen wie für die Verfrachtung wertvoller Güter, die beſondere Sorgfalt, Sicherheit und Pünktlichkeit erforderten, bildeten die deutſchen Schiffe auf dem Weltmeer ebenfalls eine Klaſſe für ſich, ohne dabei der Blüte der fremden Seeſchiffahrt Abbruch zu tun. Es geſchah das Ähnliche wie beim deutſchen Induſtrieexport: Deutſchland nahm nicht einem anderen ſeinen bisherigen Verdienſt weg, indem es ſich an ſeine Stelle ſchob, ſondern die Vorzüglichkeit und beſondere Eigenart ſeiner Waren wie ſeiner Schiffe ſchuf erſt das Bedürfnis, das ſie befriedigten. Jedenfalls hatte ſich der Weltbedarf fortſchreitend ſtärker vermehrt als die deutſche Gütererzeugung, ſo daß ihr Anteil an deſſen Befriedigung nie größer war, als Deutſchland gerechterweiſe zukam. Für England bedeutete er höchſtens ein lucrum cessans. Deutſchland war mit ſeiner Induſtrie und ſeiner Seefahrt ein Förderer der Kultur und ein Wohltäter der Menſchheit.

Dieser für alle Teile glückliche Zustand wurde durch den Krieg unterbrochen. Die deutsche Industrie hörte auf zu erzeugen, die Schiffe zu fahren. Aber die Länge des Krieges und sein für Deutschland unglückliches Ende haben bewirkt, daß auch mit dem Frieden ein Wiederanknüpfen des Fadens da, wo ihn der Kriegsbeginn zerrissen hatte, nicht möglich ist. Die ungeheuren Lasten, die der Verzweiflungskampf Deutschland aufgebürdet hat, die noch größeren Lasten, die der Friede ihm aufzulegen droht, müssen die deutsche Produktionskraft lähmen. Auf viele Jahre hinaus wird der deutsche Wirtschaftskörper so blutleer und geschwächt sein, daß er die alte Fruchtbarkeit und Erzeugungskraft schwer wieder erlangen wird. Ein so vollkommen verarmtes Land, wie es Deutschland sein wird, wenn die Feinde alle ihre Drohungen wahr machen, kann nicht mehr das nötige Kapital aufbringen, um seine Exportindustrie zur alten Leistungsfähigkeit wiederherzustellen. Gerade in dem Augenblick, wo es zu diesem Zwecke am nötigsten Kapital brauchte, muß es den letzten Groschen für Kriegskosten und Entschädigungen hergeben. Eine blutige Ironie des Schicksals fügt es auch noch, daß gerade in diesem Augenblicke in seinem Innern gegen alles, was Kapital heißt, Sturm gelaufen wird, und daß die einzige dem deutschen Wirtschaftskörper verbliebene Kraft, die Arbeitsfähigkeit und der Arbeitswille seiner Menschen, durch Mißbrauch und Mißverstehen veralteter volkswirtschaftlicher Theorien fast vollständig gelähmt wird. Immerhin ist der deutsche Sinn gesund genug, um diese Krankheit überwinden zu können, wenn die anderen Elemente wirtschaftlichen Schaffens, Kapital, Organisation und Exportmöglichkeit, wieder gegeben wären.

Dies wieder zu schaffen wäre zwingende Notwendigkeit, wenn nicht die Welt für alle Zeiten auf die Vorteile verzichten soll, die bisher die deutsche Arbeit ihr geschaffen hat.

Es gehört aber noch ein anderes dazu. Nur ein freies, glückliches, starkes Volk kann fruchtbar sein. Freudigkeit gehört zum Schaffen; damit sich, wie es früher in Deutschland der Fall war, alle Kräfte in Wissenschaft, Gewerbe, Handel und Kunst voll betätigen und sich die goldenen Eimer reichen können, muß das Volk frei und froh sein. Der wahnsinnige Gedanke, der nur allzuhäufig bei unseren Feinden sein Haupt erhebt, Deutschland zum Knecht der anderen Völker zu machen und zur Sklavenarbeit zu zwingen, ist wirtschaftlich ebenso verkehrt, wie ethisch verwerflich.

Niemals wird ein geknechtetes Volk Großes schaffen, Neues entwickeln können.

Das gilt auch von der geistigen Schöpferkraft. Die Feinde haben es oft genug gesagt, daß sie gnädig das Deutschland Kants und Goethes am Leben lassen wollen. Das deutsche Volk soll nur noch in der Geister- und Geisteswelt leben. Wenn man aber glaubt, daß es dann auch weiterhin die Welt mit den Erzeugnissen großer Geister, Dichter, Denker und Künstler erfreuen und fördern wird, so irrt man: ein Volk, das von solcher Höhe roh in den Abgrund gestoßen wird, findet nie mehr den seelischen Schwung, der dem schöpferischen Geist unerläßlich ist.

V.

Es liegt alfo nicht im deutfchen Interefle allein, daß die Gefahr des Unterganges Deutfchlands und der Erdroffelung der deutfchen Schaffenskraft befchworen werde; die Nationen hätten das höchfte Interefle daran, die am meiften Vorteil von der Ergänzung ihrer Eigenart durch die deutfche gehabt haben und in keiner Weife unter dem deutfchen Wettbewerb auch nur vermeintlich gelitten haben. Diefe Gefahr zu befchwören, reicht es nicht aus, beim Friedensschluß zu verhindern, daß Deutfchland vollftändig geknechtet und ausgefogen werde. Es reicht nicht aus, zu verhindern, daß dem am Boden liegenden Feinde auch noch der Gnadenftoß gegeben werde. Was dazu notwendig ift, das ift, ihm Hand und Hülfe zu reichen für feine Wiederaufrichtung.

Wie aber kann dies gefchehen?

Kurz gefagt: durch Hergabe von Kapital gegen Beteiligung an der deutfchen Induftrie und Seefahrt. Durch Schaffung einer Interessengemeinfchaft, einer engen Verbindung zwifchen dem deutfchen und einem fremden Wirtfchaftsgebiet, welches das im Überfluß hat, was Deutfchland fehlt, Geld und gewiffe Rohftoffe; das für feine eigene harmonifche Entwicklung und fein

Gedeihen aber das braucht, was ein blühendes Deutschland einzig geben kann: die oben geschilderten Spezialerzeugnisse der deutschen Industrie in Verbindung mit der deutschen Wissenschaft.

Wer aber kommt dafür in Betracht?

Nicht die Gesamtheit der feindlichen Nationen, wie aus dem Gesagten hervorgeht. Diese Art der Hülfeleistung, wie sie hier einzig förderlich sein kann für beide Teile, kann nur eine persönliche, keine kollektive sein. Nur eine einzelne selbst kraftvolle, vorwärtsstrebende und nicht von persönlichem Haß- und Rachegefühl in ihrem wirtschaftlichen Denken beeinflußte Volkseinheit kann hier in Frage kommen. Damit scheiden die unmittelbaren Nachbarn Deutschlands aus. Alle haben selbst schwere Wunden zu heilen. In Frankreich wird der alte Haß, der durch die leider kriegsnotwendig gewordenen Zerstörungen im eigenen Lande neu gereizt worden ist, noch lange lebendig bleiben. England ist durch sein Weltreich und die neuen Aufgaben, die es in den überseeischen Teilen dieses Reiches erwarten, genügend in Anspruch genommen; vor allem aber wird es eher danach streben, den verhaßten Mitbewerber ganz in den Abgrund zu stoßen, als ihm die Hand zur Erhebung zu reichen. Rußland ist durch seinen Bolschewismus derartig innerlich zerrüttet, daß es, wenn es erst wieder zu Verstande gekommen sein und ihn überwunden haben wird, sich selbst nur erholen kann, wenn ihm der inzwischen wieder wirtschaftlich gesundete deutsche Nachbar Hülfe leistet.

Von jedem Gesichtspunkt aus aber zeigt sich, alles überragend, eine Nation, die neben vielen großen welthistorischen Aufgaben auch für diese, die Wiederaufrichtung eines neuen Deutschlands mit neuem geläuterten Geist, geradezu von der Vorsehung bestimmt erscheint: die Vereinigten Staaten von Amerika.

VI.

Die große Republik jenseits des Ozeans braucht nicht daran erinnert zu werden, daß sie selbst bei ihrem machtvollen Aufschwung Deutschland manches zu verdanken hat: dafür bürgt der historische Sinn und das völkerpsychologische Verständnis, das einen Teil des tiefen und so berechtigten amerikanischen Nationalgefühls bildet. Wir wollen uns nichts darauf zugute tun, das der preußische Staat der erste von allen war, der die neue amerikanische Republik anerkannte und ihr damit die Weihe als selbständige politische Macht gab. Aber der Amerikaner wird es so wenig wie wir je vergessen und hört nicht auf, es tagtäglich zu empfinden, daß die gewaltige deutsche Einwanderung gute und zahlreiche Steine zu dem Riesenbau dieser Nation geliefert hat, daß deutscher Fleiß und deutscher Genius bei der Schöpfung und dem Ausbau der amerikanischen Landwirtschaft und Industrie einen Hauptanteil gehabt haben; und daß, wie Präsident Roosevelt selbst einmal sagte, der amerikanische Nationalcharakter starke und gute Seiten durch die deutschen Elemente, die ihn mitgebildet haben, erhalten hat.

Von 1821 bis 1914 sind 5 $^1/_2$ Millionen Deutscher

nach den Vereinigten Staaten ausgewandert, und zuverläffiger Schätzung nach[1]) beträgt die Zahl der eingewanderten Deutfchen und der erften, von ihnen gezeugten Generation 25 Millionen. Nach dem Zenfus von 1900 befanden fich noch 2,66 Millionen in Deutfchland Geborener unter den amerikanifchen Bürgern. Die Amerikaner deutfchen Blutes bilden 33 1/2 %, die englifchen Blutes nur 16 1/2 % der Gefamtbevölkerung. 90% der gefamten deutfchen Auswanderung ift nach den Vereinigten Staaten gegangen.

Es ift alfo nicht überrafchend für den, der die Gefchichte der amerikanifchen Induftrie und Finanz erforfcht, oft und gerade an den bedeutendften Stellen Beziehungen zu finden, die nach Deutfchland weifen: die riefigen Carnegie-Werke find aus dem Hammerwerk des Deutfchen Klomann entftanden, deffen vorzügliche gefchmiedete Wagenachfen den Ruf des Haufes begründeten. Die vor dem Kriege mächtigfte amerikanifche Schiffswerft in Philadelphia war gegründet und geleitet von Mr. Cramp, der urfprünglich Krampf hieß und aus Deutfchland ftammt; felbft der amerikanifchfte aller Finanzgewaltigen, Pierpont-Morgan, hatte in Göttingen Mathematik ftudiert

---

[1]) Mannhardt, Deutfch-Amerikanifche Gefchichtsblätter. Oktober 1903.

und pries dankbar den Einfluß der deutschen Wissenschaft auf seinen eigenen Werdegang. Bedeutsamer als diese Stichproben ist die Tatsache, daß deutsche Arbeitskraft und deutsche Eigenart dem Wirtschaftsleben wie dem geistigen Leben Amerikas starke Nahrung gegeben hat.

Hier wäre jetzt eine Gegenseitigkeit angebracht. Viele morsche Seiten hat der deutsche Nationalcharakter in den Stürmen der letzten Monate gezeigt: nicht nur bei den Trägern des alten Regimes. Was vielleicht am überraschendsten erschien, war nicht die Schwäche der ehedem »staatserhaltenden« Klassen — die vor dem ersten Anstürmen einer kleinen Minderheit kapitulierten —, nicht die seltsame Lethargie des Bürgertums, das sich seiner Kraft nicht bewußt werden kann und keinen Entschluß findet, sich für die Rettung der deutschen Existenz einzusetzen; es ist die absolute Unreife der Massen für wahre Demokratie, die sich mehr und mehr herausstellt und schuld wird an der völligen Vernichtung Deutschlands, wenn nicht von innen oder von außen ein neuer Geist zur Macht gelangt. Gibt es e i n e n Amerikaner, der den kindlichen Wahnsinn hätte, zu glauben, daß mit der Erpressung unsinniger Löhne für ein Minimum von Arbeit dauernd der Wohlstand der Massen begründet wird? Daß das Zauberwort »Sozialifierung« die plumpfte Zerftörung des unendlich feinen und künftlichen Organismus der Gütererzeugung und Güterverteilung rechtfertigt und goldene Zeiten für jeden Faulenzer herbeiführt? Daß die feige Überlieferung des fo lange ruhmvoll verteidigten Landes an den brutalen Feind Frieden, Brot und Glück bringt? Im deutfchen Volke gab es nicht nur vereinzelte folche irrende Schwarmgeifter; eine ganze gefchloffene Partei terrorifiert bereits große Teile des ehemaligen Reichs mit diefem Wahnwitz und richtet in Wochen zugrunde, was Jahrzehnte des Fleißes und der höchften geiftigen Anftrengung des ganzen Volkes gefchaffen hatten. Und nach gut deutfchem Fehler, den auch die realpolitifche Erziehung der letzten 50 Jahre nicht auszulöfchen vermochte, wird der kraftvernichtenden Schandtat ein philofophifches Mäntelchen umgehängt: die von einem an Hegelfcher Dialektik gefchulten Grübler aus englifchen Verhältniffen längft vergangener Zeiten heraus deftillierten Theoreme, die von der gefunden Entwicklung der Dinge längft und gründlich widerlegt worden find, werden als Evangelium dem deutfchen Volke vorgehalten. Irrlehren gelten ihm immer noch höher als Erfahrung und Verftand, befonders wenn ihr tieferer Sinn unverftändlich bleibt, und einige Trugschlüsse bequeme Handhaben bieten, dem, was Begehrlichkeit und Faulheit eingibt, einen wissenschaftlich-philosophischen Anstrich zu geben. Unverdaute Brocken von Mehrwertstheorie, Akkumulation, Sozialisierung und Kapitalismus erzeugen Kongestionen, die den gesunden Verstand umnebeln.

Hier tut ein Schuß amerikanischer, klarer Vernunft und praktischen Eigennutzes dringend not. Es täte not, daß amerikanische Gedankenklarheit das törichte »Erinnern zu lebendiger Zeit« an verstaubte Theorien auslöschte. Es täte not, daß amerikanischer Gemeinsinn die deutschen Massen die notwendige Solidarität lehrte und vor allem den drüben immer betätigten Satz, daß den »Menschenrechten« auch Menschen p f l i ch t e n entsprechen; und daß praktische Sozialpolitik die Notwendigkeit der Güter e r z e u g u n g bedenken muß, ehe sie deren Verteilung theoretisch neu regeln kann. Die Amerikaner können aus ihren eigenen Erfahrungen den Deutschen lehren, daß nur die höchste Steigerung der L e i s t u n g s f ä h i g k e i t der Industrie ermöglicht, auch die Massen mit Gütern in jeder Hinsicht zu versorgen, und daß eine Verbesserung der Arbeitsverhältnisse und Erhöhung des Lebensgenusses für die Arbeiter nur möglich ist auf dem Wege immer befferer Organifation der Gütererzeugung, aber nicht dadurch, daß man die Gütererzeugung hemmt und einfchränkt.

Das wäre eine Befruchtung mit amerikanifchem Geifte, die unferem Volke unendlich Vorteil fchaffen und Gewähr dafür geben würde, daß die guten und notwendigen Errungenfchaften der großen demokratifchen Erweckung, die der Krieg herbeiführte, gefichert und im rechten Sinne ausgebaut würden. Dazu ift aber ein engerer Zufammenfchluß der beiden Völker nötig, als er etwa durch Austaufchprofefforen ftattfinden kann. Dazu gehört eine gegenfeitige Durchdringung, die für beide Teile befruchtend wirken könnte. **Hier können die Amerikaner deutfcher Herkunft eine große Sendung für beide Völker erfüllen.**

Auch wir wollen nichts von Bindeftrichamerikanern wiffen und nicht von unferen Stammesbrüdern drüben verlangen, daß fie ihr amerikanifches Nationalgefühl der alten Heimat zuliebe dämpfen oder unterdrücken; aber was wir von ihnen erwarten dürfen, das ift, daß fie felbft einmal **den Bindeftrich bilden** zwifchen zwei großen Nationen, die mehr wie irgend zwei andere auf diefer Welt zur Zufammenarbeit beftimmt find. Zur Zufammenarbeit, die nicht nur dem gegenseitigen Wohlergehen dienen wird, sondern fruchtbar werden kann für die ganze Menschheit.

Solche innere Annäherung, die zum Austausch geistiger und seelischer Eigenschaften führen soll, setzt einen äußeren Verkehr voraus, der über die flüchtigen, gegenseitigen Besuche von Geschäftsreisenden und Professoren hinausgeht. Eine geistige Gemeinschaft zu gegenseitiger Befruchtung wäre aufzubauen auf einer wirtschaftlichen Interessengemeinschaft.

Und für eine solche sind alle Grundlagen gegeben.

Der nordamerikanische Kontinent ist durch die Natur nicht reicher ausgestattet als der europäische, der schon durch seine ungeheure Küstenlinie und seine feine, natürliche Gliederung dem plumpen Landriesen drüben überlegen ist. Das durch den Golfstrom regulierte, erwärmte und durchfeuchtete Klima ist dem amerikanischen an Gleichmäßigkeit und Fruchtbarkeit überlegen. In Amerika wurden die Härten und Temperatursprünge des Klimas zunächst noch durch die Üppigkeit des jungfräulichen Bodens ausgeglichen, der aber jetzt schon deutliche Spuren der Ermüdung zeigt und auf die intensive Verbesserung mit Düngemitteln immer mehr angewiesen wird. Auch was die Bevölkerung anlangt, hat Amerika alles in allem Europa weder an Zahl noch an Qualität erreichen können. Wohl hat es den Vorteil der gewaltigen Einheit gegenüber dem ethnographisch und politisch so viel gegliederten Europa; aber es läßt sich nicht sagen, daß der große Schmelzprozeß ein wirklich homogenes Bevölkerungselement hätte schaffen können. Dank der durch die politischen und wirtschaftlichen Verhältnisse gegebenen ungeheuren Freizügigkeit ist freilich die Bildung einzelner besonderer ethnographischer Unterabteilungen im Volke vermieden worden (wenn man etwa absieht von den fast durchweg norwegischen Bauerndistrikten in Dakota), aber, chemisch gesprochen, bildet das amerikanische Volk mehr ein »Gemenge« als eine »Verbindung«. Zwar hat sich eine Oberschicht von Amerikanern im eigentlichen Sinne gebildet, die eine neue Rasse darstellen von ganz besonders vorzüglichen Eigenschaften des Intellekts wie der Energie; aber es scheint fast, daß diese Rasse die Fähigkeit zu kraftvoller Fortpflanzung nicht in besonderem Maße besitzt, und daß ihre stete Erneuerung aus der Menge des neueren Volksmaterials seit dem Nachlassen der deutschen und englischen Einwanderung erheblich erschwert scheint; wie es überhaupt wohl die größte Gefahr für den amerikanifchen Volkskörper bildet, daß feit Jahren die Einwanderung galizifcher, füdflawifcher und geringwertiger romanifcher Elemente an die Stelle der hochwertigen germanifchen, angelfächfifchen und keltifchen getreten ift. Denn gerade aus diefem Material ift in dem Feuer der großen Betätigungsmöglichkeit und Betätigungsfreiheit drüben der amerikanifche Typus gefchmiedet worden, deffen Unternehmungskraft, Erfindungsgeift und politifcher Idealismus fo Gewaltiges fchuf. Jetzt fcheint die Erhaltung diefer kraftvollen Raffe von Eroberern faft gefährdet. Immer mehr ftellt das Volk der Union ein Völkerchaos dar, in dem nicht mehr die beften Elemente der übrigen Welt zufammenftrömen; das Gewicht der 12 Millionen unaffimilierbarer und bildungsunfähiger Neger hängt dem amerikanifchen Volkskörper zudem wie eine Kugel am Bein. So oder fo wird es für die Zukunft des amerikanifchen Volkes nur förderlich fein, wenn es die Verbindung mit einer alten europäifchen Kulturnation fucht und aufnimmt. Und um fo leichter wird dies jetzt gelingen, als eine folche Verbindung gerade unter gegenwärtigen Verhältniffen von höchftem Wert für beide Teile werden kann und Amerika ebenfoviel zu geben als zu empfangen hat.

VII.

Wenn es eine Zeit gegeben hat, in der die europäischen Kulturnationen und namentlich Deutschland hauptsächlich Menschen nach den Vereinigten Staaten ausführten, so kam doch alsbald eine Zeit, in der auch deutsches Kapital am Aufbau des amerikanischen Wirtschaftslebens einen immer größeren Anteil nahm. Diese Einwanderung des Kapitals begann schon in Gestalt der mitgeführten Ersparnisse der wohlhabenderen Einwanderer. Der deutsche Bauer, der seinen Hof verkaufte und mit dem Erlös nach Amerika ging, war schon in den vierziger Jahren eine ständige Erscheinung, und die sentimentale Frage des Dichters an die «Auswanderer»:

»O sprecht, warum zogt ihr von dannen?
Das Neckartal hat Wein und Korn«

hat der Bewegung keinen Einhalt getan, weil das Neckartal damals weder Korn genug noch Ellenbogenfreiheit genug für die Betätigung kraftvoller Energien bot.

Bald aber fand das deutsche Kapital auch in anderer Form den Weg nach Amerika: es begann sich an Unternehmungen dort zu beteiligen in Gestalt von Darlehen, Kommanditierungen, stiller

Teilhaberschaft oder Ankauf von Aktien und Obligationen. Deutsche Kapitalisten oder deren Vertreter gingen über das Meer, um drüben als Bankherren, Einfuhrhändler, Reeder Geschäfte zu treiben oder um Bergwerke, Plantagen, Fabriken, Farmen zu gründen. Sie alle zogen außer dem Mitgebrachten fort und fort weiteres deutsches Kapital nach, sei es neues, sei es in Gestalt stehengebliebener Gewinne. Auch die Staatsfinanzen der Union zogen Vorteil aus unserer Kapitalsauswanderung. Schon vor dem Bürgerkriege war der deutsche Besitz an amerikanischen Effekten nicht unbedeutend, wie zum Beispiel schon seit den fünfziger Jahren die Nummern des »Bremer Handelsblattes« zeigen, das gewissenhaft alle Posten registriert, die ins Ausland gingen. Während des Bürgerkrieges wurden besonders in Frankfurt a. M. die sechsprozentigen Anleihen der Nordstaaten in größeren Beträgen emittiert. Als dann nach dem Bürgerkrieg mit ungeheurer Geschwindigkeit das amerikanische Eisenbahnnetz wuchs, wurde ein großer Teil der Eisenbahnbonds in Deutschland untergebracht. Und als die Aufnahmelust des deutschen Marktes in den neunziger Jahren etwas nachgelassen hatte, wurde sie von Amerika aus mit stets neuen Mitteln wieder aufgemuntert. So zum Beispiel stellte der Präsident einer großen amerikanischen Eisenbahngesellschaft einem bekannten geistreichen deutschen Schriftsteller Schiffskabine und Salonwagen zu einer Reise durch ganz Amerika zur Verfügung, damit er dann durch seine Reisebeschreibung das deutsche Interesse für Amerika und die amerikanischen Bahnen wieder wecke.

Natürlich fand mit steigender Entwicklung der Finanzverhältnisse diesseits und jenseits des Ozeans eine ständige Kapitalverschiebung hinüber und herüber statt, die sich nur schwer verfolgen und gar nicht zahlenmäßig festlegen läßt. So zum Beispiel waren von den sechsprozentigen Bundesanleihen, nachdem sie im Kurse gestiegen und in größerem Umfange getilgt worden waren, bereits mit dem Ende der achtziger Jahre ein großer Teil nach Amerika zurückgeflossen. Ebenso wurden von Deutschland gegen Ende des vorigen Jahrhunderts infolge des hohen Aktivsaldos der amerikanischen Handelsbilanz zur Bezahlung der fälligen Handelswechsel amerikanische Aktien und Bonds verwendet, ein großer Teil der vorhandenen Anlagen aber auch aus dem Grunde abgestoßen, weil das aufblühende Wirtschaftsleben in Deutschland selbst Verwendung für jede Kapitalmenge bot; man schätzt, daß damals

60—80 % des deutſchen Beſitzes an amerikaniſchen Effekten auf dieſe Art abgeſtoßen worden ſind. Aber alsbald trat in Amerika wieder Kapitalbedarf ein, und wieder lieferte Deutſchland einen beträchtlichen Teil; von den 35 Milliarden Mark, auf die man etwa die ausgewanderten deutſchen Kapitalien bei Kriegsausbruch ſchätzen konnte, wird immerhin ein bedeutender Anteil auf Amerika entfallen ſein.

Hatten bis jetzt im amerikaniſchen Wirtſchaftsleben die Möglichkeiten des Landes und der Unternehmungsgeiſt ſeiner Bewohner zu fortwährendem ſtarken Kapitalbedarf geführt, der nur vorübergehend, wie oben angedeutet, einer Plethora Platz machte, und hatten alle Kriſen, die, freilich in immer größeren Abſtänden, den Bau erſchütterten, Geldknappheit zum Grund und zur Erſcheinungsform, ſo ſcheint hierin jetzt im Kriege ein Wandel eingetreten zu ſein.

Es iſt zu berückſichtigen, daß alle dieſe Verhältniſſe ſtatiſtiſch ſchwer zu erfaſſen und ſelbſt im großen und ganzen nicht mit Beſtimmtheit zu beurteilen ſind. Auch der Stand der Wechſelkurſe bietet kein ſicheres Hilfsmittel hierzu, weil er nur den jeweiligen Stand der Zahlungsbilanz ausdrückt. Die Schwierigkeit liegt darin, daß Kapitalexport von Schuldenzahlung für Waren oder Darlehn schwer zu unterscheiden ist und die internationalen Goldverschiebungen die Verhältnisse mehr verdunkeln als klären: sie können ebensogut Agiotagezwecken dienen oder Vorbeugemaßregeln gegen plötzliche Kapitalentziehungen sein (so zum Beispiel die damals viel bemerkten rätselhaften Goldoperationen des Hauses Lazard frères im Jahre 1891), wie einen Bilanzausgleich oder Kapitalverschiebungen darstellen. Die sogenannten »Dreiecksoperationen« (ich nannte sie Goldverschiffungen mit Vorbande — für London bestimmtes Gold wird aus Agiogründen zunächst nach Paris verschifft —) erhöhen die Schwierigkeit der Erkenntnis.

Für die Gegenwart und nächste Zukunft kann aber allen bekannt gewordenen Geschehnissen mit ziemlicher Sicherheit angenommen werden, daß, rechnungsmäßig, wenn auch wegen der gegebenen Kredite nicht tatsächlich, die Amerikaner jetzt einer höchst aktiven Zahlungsbilanz sich erfreuen. Wenn nächster Zeit ihrem Wirtschaftsleben Erschütterungen drohen, so könnten sie am ehesten und wohl einzig erwartet werden von der Kapitalplethora und der damit zusammenhängenden Geldentwertung. Denn so scharf auch finanzwirtschaftlich die Begriffe Kapital und Umlaufsmittel zu scheiden sind, in diesem Falle beeinfluſſen ſie einander genug, um die Heißung von Sturmſignalen zu rechtfertigen. Die Uberernährung des amerikaniſchen Wirtſchaftskörpers macht ihn apoplektiſch, wie die Unterernährung und Blutleere das Leben des deutſchen bedroht. Die gegenſeitige Hilfe liegt alſo nahe, und Deutſchland braucht nicht einmal an die Dankbarkeit für früher geliehene Kapitalhilfe zu appellieren; denn ſo wenig wie es damals aus Gutmütigkeit ſeine Millionen in amerikaniſchen Bonds anlegte, ſo wenig verlangt es jetzt, daß die Amerikaner aus dieſem Grunde ſeinen Wiederaufbau fördern. Die einzige ſeeliſche Eigenſchaft, die außer der Spekulation zu ſolchen Geſchäften gehört, iſt Vertrauen in die Ehrlichkeit und Zukunft des anderen, und das wird Deutſchland rechtfertigen, wie es Amerika gerechtfertigt hat. Amerika würde ſich einen aufnahmefähigen Kunden, einen leiſtungsfähigen Lieferanten heranziehen: es würde aber vor allem auch eine gute Anlage ſeiner überſchüſſigen Kapitalien ſichern.

Amerika hat ungeheure Zahlungen von den europäiſchen Ententeſtaaten zu fordern. Deutſchland wird an dieſe Ententeſtaaten große Zahlungen zu leiſten haben. Amerika wird am ſicherſten gehen und ſchädliches Hin- und Herſchicken internationaler Zahlungen vermeiden, wenn es die

Summen, die Deutschland an die Ententestaaten schuldet, als amerikanische Darlehen in Deutschland beläßt und dafür die Ententeländer ihrerseits von ihrer Verschuldung an Amerika entsprechend entlastet. Es wird so wie so unerläßlich sein, ein internationales Clearing-House zu schaffen. Wie Amerika es — nach reiflichem Überlegen — vermocht hat, die schon lange brennende Frage einer eigenen Bank of Banks glücklich zu lösen und damit dem amerikanischen Finanzwesen Regulierbarkeit und Sicherheit zu schaffen, so sollte es auch jetzt in der Lage sein, seinen Riesenbau zu krönen durch Schaffung einer **Weltzentralbank** der Zentralbanken, die bei den kommenden ungeheuren Kapitalverschiebungen **zur Liquidierung des Weltkrieges** unschätzbare Dienste leisten könnte. Sie würde es ermöglichen, die Zahlungsmethoden zu vereinfachen, vor allem aber die Zahlungen so zu regulieren, daß in jedem einzelnen Gliedstaat Erschütterungen und Schwierigkeiten vermieden werden könnten. Es wäre zu prüfen, ob diese Weltbank nicht auch zur Ausgabe internationaler Noten schreiten könnte, um auch für den normalen Welthandel neben dem Wechsel ein internationales Zahlungsmittel zu schaffen, das einen internationalen Giroverkehr ergänzend an die

Seite treten könnte und alle die Schwerfälligkeiten beseitigen würde, die mit dem veralteten internationalen Wechselverkehr und den ebenso veralteten wie unwirtschaftlichen Goldverschiffungen zusammenhängen.

In welcher Form das amerikanische Kapital in das deutsche Wirtschaftsleben treten soll, kann späterer Regelung vorbehalten bleiben. Die Grundidee soll dabei sein, daß es nicht als ein Darlehen gegeben wird, sondern in Gestalt einer Beteiligung auftreten soll. Vielleicht ließe sich ein gutes Muster für die Beteiligung, wenigstens was große und besonders im gemeinschaftlichen Interesse stehende Unternehmungen betrifft, finden in den Ideen, die seinerzeit Pierpont Morgan für die Schaffung einer Interessengemeinschaft mit der deutschen und englischen Seeschiffahrt hatte und die schließlich zur Bildung der englisch-amerikanischen International Mercantile Marine, des sogenannten Schiffahrtstrusts, geführt hatten, nachdem die deutschen Gesellschaften ihre Beteiligung aus Furcht vor Majorisierung abgelehnt hatten. Unrecht und unzweckmäßig genug hatte damals Pierpont Morgan versucht, dadurch einen Druck auszuüben auf die deutschen Gesellschaften, daß er ihnen mit Abschnürung vom amerikani-

schen Inlande drohte und überhaupt Zwangs-
maßregeln anzuwenden bereit schien. Er hatte
die Sache so dargestellt, als ob er jeglichen
Bahnverkehr von den atlantischen Häfen nach dem
amerikanischen Inlande beherrschte und imstande
wäre, die deutschen Gesellschaften, falls sie sich
weigerten seinem Unternehmen beizutreten, dadurch lahmzulegen, daß sie die in Amerika ge-
landeten Güter nicht nach dem Inlande trans-
portieren könnten. Diese Drohung, der, wie sich
später herausstellte, jede sachliche Unterlage
fehlte, hat damals die Ablehnung bewirkt und
Morgan gezwungen, sich mit den englischen, in
finanziellen Schwierigkeiten befindlichen Gesellschaften (hauptsächlich der White-Star-Co.) zu
begnügen. Der Gedanke an sich, eine gemein-
same Oberleitung der sämtlichen zwischen
Amerika und Europa verkehrenden Schiffahrts-
gesellschaften eintreten zu lassen, wäre für Publikum
wie Gesellschaft außerordentlich vorteilhaft gewesen. Er hätte ermöglicht, eine gegenseitige
aufreibende Konkurrenz, die oft selbst zwischen
den beiden hauptsächlichsten deutschen Gesellschaften bestand, aufzuheben und die Abfahrts-
zeiten sämtlicher Dampfer nach vernünftigen
Grundsätzen so zu regeln, daß Passagier- wie
Postdienst davon Vorteil gehabt hätte.

Die Form, in der jetzt amerikanisches Kapital zum Wiederaufbau der deutschen Industrie und des Transportwesens eingeführt werden könnte, ist mannigfaltig und bietet auch für neue Systeme der Vergesellschaftung (Assoziierung, nicht Sozialisierung) Raum.

Es läßt sich denken, daß die Beteiligung des amerikanischen Kapitals durch Ankauf von Aktien und Kuxen, durch Konsortialbeteiligung, stille Vergesellschaftung, Verkoppelung gleichartiger deutscher und amerikanischer Unternehmen und in anderen Formen geschieht.

VIII.

Der Wiederaufbau der deutschen Schiffahrt und die Gewinnung einer Beteiligung daran ist um so wichtiger für das ganze amerikanische Wirtschafts- und Verkehrsleben, als die Amerikaner selbst nicht imstande gewesen sind und sein werden, eine vorzügliche eigene Handelsschiffahrt zu schaffen. Schon seit längerer Zeit hatte sich daher die Angewohnheit herausgebildet, daß selbst amerikanische Gesellschaften, die in amerikanischen Gewässern Schiffe brauchten, diese unter norwegischer Flagge fahren ließen oder norwegische Schiffe charterten, wie es z. B. die United Fruit Company für ihre Handelsflotte tat, die einen integrierenden Bestandteil ihres Geschäftsbetriebes bildete. Daß die amerikanische Flagge fast vollständig von den Meeren verschwunden war (mit Ausnahme der Küstenschiffahrt) und auch im atlantischen Dienst nie zu größerer Bedeutung gelangt war, hatte tiefere Gründe. Zunächst lag es daran, das keine wirkliche Waterkant mit eingesessener, von alters her und aus Neigung seefahrender Bevölkerung in Amerika vorhanden ist. Dem Amerikaner erscheint der Seedienst zu schwierig und zu wenig lohnend, als daß er ihn gern ergriffe. Die außerordentlich weitgehenden Schutzmaßregeln für die auf Schiffen dienenden Mannschaften, welche die amerikanische Gesetzgebung erlassen hat teils unter dem Druck der Gewerkschaften, teils um den Dienst zur See schmackhafter zu machen, haben gerade den Erfolg gehabt, die amerikanische Handelsschiffahrt vollkommen zu erdrosseln, weil die Bedingungen so scharf sind, daß sie gar nicht eingehalten werden können, ohne die Linien konkurrenzunfähig zu machen. Unter dem Druck der Gewerkschaften war auch bestimmt worden, daß nur die Schiffe unter amerikanischer Flagge fahren durften, deren Bemannung zu zwei Dritteln aus Amerikanern besteht und die in Amerika aus amerikanischem Material gebaut worden sind. Die letztere Vorschrift hatte den Schiffsbau, die erstere den Betrieb so verteuert, daß die amerikanische Schiffahrt auf den Weltmeeren konkurrenzunfähig wurde und ihr nur die Binnen- und Küstenschiffahrt blieb, bei der die Ausschließung des Wettbewerbs die Überwälzung der hohen Kosten auf die Verfrachter möglich machte. Hierdurch kam es auch, daß die mächtigen Interessen der Eisenbahnen sich stets für Erhaltung dieser Auflagen auf die Schiffahrt einsetzten, um eine frachtendrückende Konkurrenz der Küsten- und Binnenschiffahrt fernzuhalten.

Man muß dagegen halten, wie die deutfche Regierung den Schiffsbau unterftützte, um zu verftehen, warum er in Amerika zurückging, in Deutfchland fich immer glänzender entwickelte und auch den altehrwürdigen und durch den Freihandel geförderten englifchen Schiffbau an Güte erreichte, der bis zur Jahrhundertwende faft ein Weltmonopol inne hatte. Unfere Hauptwerften liegen im Freihandelsgebiet, und fie erhielten zu einem nur wenig die Weltmarktnotierung überfteigenden Preis deutfches Eifen, das durch billige Frachten aus dem Ruhrgebiet erreichbar war. Man witterte hierin verfteckte Staatsfubvention durch Refaktien: tatfächlich war es auch das Intereffe der Staatsbahn, das diefe Maßregel empfahl, weil die Maffentransporte ihr auch bei niedrigen Tarifen guten Verdienft brachten.

Wenn fo in Deutfchland der Schiffsbau gefördert, in Amerika unter dem Drucke der Eifenbahnen gehemmt wurde, fo kann bei aller Bewunderung für die Leiftungsfähigkeit der amerikanifchen Induftrie nicht verkannt werden, daß fie wirklich nicht in der Lage war, gute Schiffe zu bauen. Erftklaffige Schiffe find Individuen. Sie laffen fich nicht wie Maffenware herftellen. Zwar hat die amerikanifche Induftrie im Kriege gezeigt — und dadurch den Krieg gewinnen helfen —, daß sie imstande ist, große Mengen von Schiffen zu bauen, gerade als Massenware zu bauen, nach einem bestimmten Typ und in großen Serien. Dies mußte aber natürlich geschehen nur unter dem Gesichtspunkte, möglichst schnell etwas Ausreichendes zu schaffen, nicht aber etwas für die Dauer Bestimmtes, Vorzügliches; Schiffe zu bauen und zu betreiben wie den »Imperator«, den »Moltke«, oder die Hansafrachtdampfer wird der amerikanische Schiffsbau auch später kaum allein imstande sein. Es wird sich wenigstens für ihn nicht lohnen, die ungeheuren Mittel aufzuwenden, die nötig wären, um seine Industrie in den Stand zu setzen, derartige Schiffe zu bauen, und um sich eine seefahrende Bevölkerung zu schaffen, die sie führen und handhaben könnte. Die beste Lösung der Frage wird also die sein, zu der man schon im letzten Jahrzehnt vor dem Kriege gekommen war, daß man gern und dankbar den besser für die Herstellung und Führung solcher Schiffe geeigneten Nationen diese überläßt und sie zum eigenen Vorteil mit benützt. Auch das ist internationale Arbeitsteilung. Bei dem großen Interesse, das aber natürlich die denkbar beste Verbindung mit Europa für das ganze amerikanische Leben hat, liegt der Gedanke nahe, daß sich die

Amerikaner bei den deutschen Schiffahrtsunternehmen mit beteiligen, da sie ja zum großen Teil deren Kunden sein müssen. Für die deutsche Seeschiffahrt eröffnen sich damit weite Möglichkeiten der Ausdehnung und ein besonderes Element der Sicherheit gegen die vielen Krisen, die auch die deutsche Schiffahrt zu erleiden gehabt hat. Noch ein anderer Punkt ist hierbei zu bedenken. Eines der Hauptziele bei Deutschlands Kampf war immer die Freiheit der Meere. Aus dem etwas verschwommenen Begriff läßt sich als Kern herausschälen die Sicherheit, auf allen Meeren fahren zu können, ohne durch diejenigen fremden Staaten, welche besondere und unumgängliche Teile der Seewege, z. B. Meerengen und Kanäle, wichtige Welthäfen, Kohlenstationen und ähnliches, beherrschen, jederzeit daran verhindert werden zu können, diese zu benutzen. Mag nun völkerrechtlich oder wie auch immer versucht werden, diese Freiheit allen Nationen zu sichern, so wird dies stets in der Luft schweben und von dem guten Willen einzelner Nationen wenigstens zeitweise abhängig bleiben. Schiffe deutsch-amerikanischen Ursprungs, aber in Hamburg und in New York beheimatet, werden die Meere immer frei finden, und keine Nation wird wagen können, ihnen irgendein Hindernis in den Weg zu legen.

IX.

Der Haupteinwand, der gegen den Wiederaufbau der deutschen Industrie und Schifffahrt mit amerikanischer Hülfe von amerikanischer Seite gemacht werden könnte, wäre der, daß Amerika nicht so unklug sein wird und sich einen starken Konkurrenten auf dem Weltmarkt wie im eigenen Lande heranzuziehen. Aber wer die Handelsbeziehungen zwischen den Vereinigten Staaten und Deutschland, wie sie sich in den letzten Jahrzehnten entwickelt hatten, aufmerksam prüft und ihre beiderseitige Tätigkeit auf dritten Märkten beobachtet, der wird kaum einen Punkt finden, in dem zwischen beiden Wirtschaftsgebieten ein schädlicher Wettbewerb vorhanden war. Grund davon ist der Umstand, daß, wie oben bereits berührt, die Stärke sowohl der natürlichen Hilfsquellen als der menschlichen Tätigkeit in beiden Ländern auf verschiedenen Gebieten liegen und sich ergänzen, statt sich zu befehden. Das ist mit den Rohstoffen der Fall, deren hauptsächlichste Baumwolle und Kali sind. Aber bis in alle Industriegebiete läßt sich diese günstige Erscheinung verfolgen. Während die amerikanische Maschinenindustrie die gröbere starke Ware herstellt, die für den Massenverbrauch und rohe Behandlung geeignet ist, stellt die deutsche mit höchster Feinheit und Berechnung ausgearbeitete Prachtstücke her von größter Dauerhaftigkeit und sparsamster Leistung, die aber äußerst sachverständige Behandlung erfordern. Beide Arten Erzeugnisse haben verschiedene Märkte und treten miteinander wenig in Wettbewerb. Was Deutschland hauptsächlich nach Amerika ausführte, waren Gegenstände hoher Qualität, wie feine Stahlwaren, Wirkwaren, Glas, Porzellan, Luxusartikel, Gegenstände der Feinmechanik usw. Die besonders sorgfältige gelernte Arbeit, die zu deren Herstellung gehört, ist ein Erbe der alten deutschen wohlgepflegten Handwerkskunst und kann schlechterdings drüben nicht nachgemacht werden. Andererseits hätten wir z. B. für amerikanische Besonderheiten, man denke z. B. an landwirtschaftliche Maschinen, trotz eigener Industrie einen steten starken Bedarf.

Selbst aber da, wo eine gleichartige Gütererzeugung in beiden Ländern stattfindet, liegt kein Grund für Amerika vor, die deutsche Industrie mit Eifersucht zu betrachten und niederzuhalten. Amerika hat im Kriege eine Menge neuer Märkte teils erobert, teils sind sie ihm zugefallen durch das Aufhören des bisherigen fremden Imports. Es wird zu deren Versorgung alſo vor der Notwendigkeit einer ungeheueren Vermehrung der Produktion ſtehen.

Bei der großen Anſpannung ſeiner Induſtrie, wie ſie ſchon vor dem Kriege beſtand, und der Beeinträchtigung ihrer Leiſtungsfähigkeit in Friedenswaren, durch Umſtellung auf Kriegsgut, wird es neuer induſtrieller Gründungen in ſolchem Maß bedürfen, daß ſie nicht ohne Schwierigkeiten zu ſchaffen ſein werden. Selbſt wenn Amerika die Abſicht hätte, die Einfuhr deutſcher Waren vollſtändig vom ſüdamerikaniſchen und oſtaſiatiſchen Markt fernzuhalten, würde es ihm kaum in abſehbarer Zeit gelingen, dieſen Märkten vollgültigen Erſatz dafür zu liefern. Eine Verſtimmung dieſer Länder würde die Folge ſein, die leicht auch politiſche Wirkungen äußern könnte. Hier bietet ſich die natürliche Löſung der Schwierigkeiten durch Vergeſellſchaftung mit der deutſchen Induſtrie. Wenn mit amerikaniſchem Kapital die deutſche Induſtrie wieder aufgebaut und ausgedehnt wird; wenn amerikaniſche Arbeitsmethoden — es ſei nur an das Taylor-Syſtem erinnert — ihre Leiſtungsfähigkeit auch bei geringerer Arbeitszeit des einzelnen erhöht wird; wenn endlich die Amerikaner am Gewinn wie an der Leitung der Ausfuhr Anteil haben, ſo iſt es einleuchtend, daß ſie weit beſſer tun, die vorhandenen deutschen Fabriken mit ihrem Stamm geübter Arbeiter, ihren alten Verbindungen und ihrer sofortigen Leistungsfähigkeit zu erhalten, als sich zu bemühen im eigenen Lande, unter ganz anderen Verhältnissen, mit anders gearteten Arbeitern neue Fabriken mühsam zu schaffen, die doch nie ein Erzeugnis liefern können, das den bisher an den fremden Märkten gewohnten deutschen gleichwertig wäre. Hochwertige Industrien sind vielfach so bodenständig, daß sie sich manchmal schon innerhalb eines Landes schwer verpflanzen lassen. Ein Tuch, das in Düren hergestellt wird, kann selbst mit gleichen Maschinen und Arbeitern in Luckenwalde oder Cottbus nicht in gleicher Art hergestellt werden. Klima, Tradition in der Arbeiterschaft und andere Imponderabilien spielen eine große Rolle. So sehr in manchen Industrien eine Art Flurbereinigung vorteilhaft wirken könnte, die durch Zusammenlegung der allzu zersplitterten Einzelwerke und Eingehenlassen der unter ungünstigen Verhältnissen arbeitenden den Betrieb rationeller gestaltet, so wenig lassen sich andere verlegen, nachmachen, oder aus kleineren Einzelbetrieben mit individueller Leitung zu großer Massenleistung ausdehnen. Freilich ist eine Vorbedingung für jede Wiederherstellung der deutschen Industrie, daß sie nicht völlig zugrunde gerichtet ist durch übereilte Maßnahmen zur »Sozialisierung«, d. h. Abschaffung des angeblichen kapitalistischen Systems. Mag das Kapital gehören, wem es will, es ist zur Gütererzeugung so notwendig wie Rohstoff und Handarbeit. Mag die Marxsche Theorie anerkannt werden, daß nur die enthaltene Handarbeit den Gütern den Wert gebe: die im Rohstoff und gar im Kapital geronnene Arbeit ist die eines anderen als dessen, der das eine mit Hilfe des anderen schließlich verarbeitet, und dieser letztere hat keinen Anspruch auf den ganzen Wert. Und wenn durch Verbesserung der Maschinen ein Arbeiter die vierfache Menge von Gütern mit gleicher Arbeitsleistung herstellen kann, so heißt das nicht, daß er nun Anspruch auf den vierfachen Wert als Arbeitsverdienst hat, sondern daß seine Arbeit nur noch ein Viertel des früheren Anteils an der Gütererzeugung hat. Es heißt aber auch, daß nun die vierfache Gütermenge der Allgemeinheit zur Verfügung steht, und die Lebenshaltung der Massen also wieder gehoben wird — nicht durch Arbeit des Arbeiters, sondern durch den Geist des Erfinders, das Geschick des Organisators und die Anwendung des Kapitals. Auf diese Weise ist Schritt für Schritt in den letzten zwanzig Jahren eine Vermehrung der Produktion und damit eine Hebung der allgemeinen Lebenshaltung erreicht worden, Krisen sind immer seltener und immer schwächer geworden und das Elend immer geringer. Und wer heute noch die v o r jeder Erfahrung deduktiv aus der Betrachtung längst überwundener ungünstiger Zustände gewonnenen Marxschen Theorien zur Grundlage eines neuen Wirtschaftssystems machen will, der hat die Augen geschlossen über eine fünfzigjährige Entwicklung. Amerika kann d i e Erfahrung lehren, daß nur die höchste Steigerung der Produktion die allgemeine Lebenshaltung, d. h. den Anteil a l l e r an den erzeugten Gütern, sichern kann, nicht aber hoher Lohn bei sinkender Produktion: denn wenn jeder ein Paar guter Stiefel haben soll, müssen 60 Millionen Paar Stiefel d a sein, und wenn bloß 10 Millionen da sind, kann auch bei 1000 Mark Tagelohn sich nicht jeder Arbeiter ein Paar kaufen. Die geringe Vermehrung des Arbeitseinkommens durch Aufteilung des auf Kapital und Leitung entfallenden Gewinnanteils ist verschwindend gegenüber der Verringerung des Wertes des höheren Einkommens durch Verminderung der Produktion und dadurch verursachte Preissteigerung der Güter.

So sollte das neue Manifest an die Arbeiterschaft heißen. Und statt des »Proletarier aller

Länder, vereinigt euch!« wollen wir rufen: Produzierende aller Länder, vereinigt euch; zunächſt wenigſtens der Länder, die zur gegenſeitigen Ergänzung beſonders geeignet ſind, wie Amerika und Deutſchland.

X.

Die rein finanzielle Beteiligung an der deutschen Induſtrie und Schiffahrt iſt aber nicht das einzige Gebiet, auf dem eine praktiſche handelspolitiſche Verbindung zwiſchen den beiden Völkern gedacht werden könnte. Wie Präſident Wilſon richtig ſagte, hat Amerika nunmehr aufgehört, »provinzial« zu ſein; d. h. es hat in Europa Fuß gefaßt im übertragenen Sinne und iſt künftig an den europäiſchen Verhältniſſen und Geſchehniſſen intereſſiert. Da nun aber trotzdem der breite Ozean zwiſchen ihm und Europa liegt, da ferner trotz alledem die amerikaniſchen Angelegenheiten und die ſeines Kontinents in erſter Linie ſeine Aufmerkſamkeit und Tätigkeit in Anſpruch nehmen werden, iſt es notwendig, daß es in Europa auch im eigentlichen Sinne Fuß faßt. Dieſes kann nur in der Form erfolgen, daß es mit einer der großen Nationen Europas in ein Verhältnis tritt, das unter allen Umſtänden den Zuſammenklang der beiderſeitigen Intereſſen gewährt und das europäiſche Volk in allen großen Angelegenheiten als das alter ego des amerikaniſchen zu gelten und zu handeln in die Lage ſetzt. Das enge wirtſchaftliche Verhältnis, das nach dem bisher Geſagten zum beiderseitigen Nutzen eintreten könnte, gibt dafür Grundlage und Sicherheit. Es würde also in erster Linie Deutschland in Frage kommen. Keine der anderen großen europäischen Nationen erscheint dafür geeignet. England ist zu groß und hat zu viel eigene Interessen, die mit den amerikanischen im Wettbewerb stehen; es ist vor allem der Vertreter seiner großen überseeischen Reichsteile, deren Interessen es selbstverständlich den amerikanischen vorausstellen müßte: früher oder später aber können diese mit den amerikanischen kollidieren, namentlich die Kanadas und Australiens. Die Vereinigten Staaten würden in die Gefahr kommen, die Errungenschaft von 1776 stillschweigend wieder zu verlieren und sich von Kanadas Stellung im britischen Weltreich nur dadurch zu unterscheiden, daß sie einen Präsidenten statt eines Vizekönigs haben, und auch dieser Unterschied kann jederzeit verschwinden: denn die Zeit ist nahe, wo weder Kanada noch Australien sich weiter die königliche Bevormundung gefallen lassen werden, die, wenn man die Länder und ihren republikanischen Charakter kennt, kaum anders denn als eine historische Kuriosität und eine staatsrechtliche Ungeheuerlichkeit betrachtet werden muß. In Kanada mögen noch hier und da einige Leute

Sinn dafür haben, wenn der Holzhändler Smith zum Lord Strathcona and Mount Royal wird; aber in Auſtralien iſt der zopfige Pomp eines Generalgouverneurs, der ſeit beinahe 20 Jahren eine Hauptſtadt gebaut kriegen ſoll, vollends ein Anachronismus und auf die Dauer eine Unmöglichkeit. Aus der alten kolonialen Abhängigkeit haben ſich neue Verhältniſſe gebildet und neuere ſind noch in der Bildung begriffen; nur wie alte Schalen hängen ihnen die monarchiſtiſchen Reſte noch an. Aber die Entwicklung des britiſchen Weltreichs in ſeiner inneren Struktur, ſo zentrifugal ſie im großen und ganzen auch ſcheinen mag, wird zu einer neuen Form des Zuſammenſchluſſes meeresgetrennter, aber befreundeter Völker führen, der weder rein ſtaatsrechtlicher noch rein völkerrechtlicher Natur iſt und auf beiden Gebieten unſere überlieferten Anſchauungsformen zerſprengt. Bei den taſtenden Verſuchen in dieſer Hinſicht, die die Reichskonferenzen und die Londoner Regierung ſeit 30 Jahren machen, hatte Lord Salisbury die deutſche Sprache um das Wort »Kriegsverein« bereichert, als Analogie zu »Zollverein«, das überall im Ausland als Fachausdruck gebräuchlich iſt. Wenn auch hoffentlich dieſe Seite des engliſchen Empire künftig nicht die ſtärkſte ſein wird, so wird es doch immer ein Völkerbund im Völkerbund bleiben wollen. Ob solche Vereinigungen Bestand haben werden, mag zweifelhaft erscheinen; jedenfalls empfiehlt es sich für andere große Mächte, in ein ähnliches — wenn auch zunächst monogamisches — Verhältnis zu treten, besonders, wenn die Voraussetzungen so vollkommen dafür gegeben sind wie zwischen Amerika und Deutschland.

Frankreich ist im Geist und im Charakter seiner Bevölkerung zu grundverschieden von Amerika, als daß ein dauerndes gegenseitiges Verständnis und Zusammenarbeiten möglich wäre. Es ist auch schon viel zu wenig welthändlerisch veranlagt, um als europäischer Teilhaber einer Handelsweltmacht auftreten zu können. Wie außerordentlich gering war seine Expansionskraft schon vor dem Kriege! Es überlud sich mit Kolonien, die nur durch einen starken, alljährlich hinausziehenden Überschuß an Eroberernaturen hätten befruchtet und nutzbar gemacht werden können; aber es fehlte ihm ebenso der Überschuß wie die Eroberernaturen, und dem wahnsinnigen Ehrgeiz, der große Kolonialreiche militärisch eroberte, entsprach in keiner Weise die innere Kraft, sie wirtschaftlich zu durchdringen. Der Deutsche, bei dem dank unserer militärischen und weltpolitifchen Befcheidenheit das Verhältnis zwifchen expanfiver Kraft und Kolonialbefitz umgekehrt ftand, mußte hier wohl oder übel oft einfpringen. Um nur zwei Stichproben zu geben: in Madagaskar waren die beiden erften Großhandelsfirmen in den Händen von Deutfchen; und als ich in Djibuti mit dem franzöfifchen Gouverneur den Eifenbahnbau ins Innere Afrikas befprach, bemerkte er refigniert: »Unfere Kaufleute bauen die Bahn, aber Ihre fahren darauf.« Im Kriege felbft aber ift Frankreich, trotz des unverhofften äußerlichen Sieges, den Amerika ihm fchenkte, auf die Dauer mehr gefchwächt worden als Deutfchland. Im Verhältnis zur Bevölkerungszahl find die Verlufte größer: die natürliche Kraft der Bleibenden, fie wieder wett zu machen, ift in Deutfchland frifcher und ftärker. Welchen Einfluß der qualitativ recht verfchiedene Erfatz durch die Fremdvölker in Geftalt der »Warbabys« haben wird — eine vor allem in Frankreich übliche, faft amtliche Bezeichnung — bleibt abzuwarten: eine Bluttransfufion vermag nur in den feltenften Fällen mehr, als einen gänzlich anämifchen und gefchwächten Körper noch einige Zeit hinzuhalten: frifche dauernde Kraft gibt fie ihm nie. Mag der Siegesraufch dem erfchlafften Körper Frankreichs wie ein

Stimulans eine Zeitlang aufregen: seine Erschöpfung wird eine dauernde sein. Die ganz erstaunliche und höchster Bewunderung würdige Kraft, die es im Ausharren trotz vierjähriger Niederlagen zeigte, hatte ihre Wurzeln mehr in dem Nervensystem, in einem fast hysterischen, durch Hoffnung genährten Haß, als in der gesunden Muskelkraft seines Volkskörpers. Bei uns war es umgekehrt. Nerven und Wille ließen nach, die gesunde Kraft blieb fast ungeschwächt. Darum ist bei uns die Erholung eine leichtere und sicherere: Nerven und Wille finden sich wieder, wenn die Übermüdung überwunden ist, denn die Kraft des Körpers ist noch da; drüben aber hat die ungeheure Willensanstrengung wie ein hitziges Fieber die Kräfte eines schwachen Körpers aufgezehrt. Auch psychische Anzeichen bestätigen diese Diagnose: das Verschwinden jeder Ritterlichkeit aus dem Charakter dieser ehedem edlen Nation, wie es sich in der Behandlung unserer Gefangenen und des durch Übermacht erdrückten Gegners zeigt, beweist, daß ihr das sichere Gefühl der Überlegenheit durchaus fehlt, und daß nur hysterischer Haß diese kranke Volksseele aufrecht hält.

Wir mögen diese Erscheinung mit Schmerz sehen: hier kommt es darauf an, festzustellen, daß Frankreich als europäische Schwesternation und Stütze für Amerika, trotz aller äußeren pénétration pacifique, nicht geeignet ist.

Rußland ist außer Frage. Es ist durch seinen Bolschewismus so furchtbar desorganisiert, daß es lange Jahre brauchen wird, bis es nur seine eigenen Interessen wieder einigermaßen wahrnehmen kann. Zudem aber wird Rußland vielmehr passiv für die amerikanische Betätigung in Europa ein Hauptfeld bilden, und gerade für diese Betätigung wird Deutschland, das auch seinerseits große Aufgaben in Rußland zu erfüllen haben wird, die beste Brücke und den besten Vermittler bilden.

Zum Wiederaufbau Rußlands sind Amerika und Deutschland prädestiniert. Deutschlands Handel, Industrie und Landwirtschaft kennt genau die russischen Bedürfnisse und Verhältnisse; viele der von Rußland benötigten Einfuhrgüter stellt Deutschland am besten her und bringt sie mit dem geringsten Frachtaufwand an den Verbrauchsort, wenn erst seine Industrie und seine Transportmittel mit amerikanischer Hilfe wieder zur vollen Leistungsfähigkeit gebracht sind. Eine große Anzahl von Fabrikaten wird Amerika direkt nach Rußland liefern: Eisenbahnmaterial vor allem, weil der amerikanische Typ von Wagen, Lowries und Lokomotiven für Rußland mit feinen Riefenftrecken geeigneter ift, als der deutfche, während dafür zu erwarten fteht, daß die deutfche Heißdampflokomotive fich nach und nach den amerikanifchen Often erobern wird. Man war in Amerika fchon im Jahre 1905, als fie auf der Weltausftellung in St. Louis erfchien, ihrer Überlegenheit ficher, fürchtete aber, daß ihre Kompliziertheit es den nicht immer gut ausgebildeten amerikanifchen Lokomotivführern zu fchwer machen würde, fie richtig zu handhaben. Diefe Verhältniffe können fich ändern. Namentlich ein Austaufch von Monteuren, Werkmeiftern und Ingenieuren könnte vorteilhaft wirken. Ein weiteres Gebiet, auf dem die amerikanifche Maffenherftellung ausgezeichneter praktifcher Geräte für Rußland befonders wertvoll ift, ift das der landwirtfchaftlichen Mafchinen. Bei vielen der zu liefernden Waren wird fich vielleicht eine Arbeitsteilung zwifchen der amerikanifchen und der deutfchen Induftrie in der Weife empfehlen, daß von Amerika das Halbfabrikat nach Deutfchland gebracht und die Fertigftellung hier ausgeführt wird.

Eine wichtige Aufgabe, die in Rußland zu löfen fein wird, und für die Deutfchland und Amerika durch ihre bisherigen großen Erfahrungen und Erfolge auf diefem Gebiet befonders vorgebildet find, ift die Herftellung von Binnenwafferftraßen und die Wiederfchiffbarmachung der durch die Zarenregierung fo vollkommen verwahrloften großen ruffifchen Flüffe. Hier liegen Kulturaufgaben, die nicht nur für die ruffifche Wirtfchaft, fondern für den ganzen Weltverkehr von größter Bedeutung find, und die ganz unmöglich den Ruffen oder gar den Polen felbft überlaffen bleiben können. Polen hat in den Jahrhunderten, in denen es die Lande zwifchen Oftfee und Schwarzem Meere beherrfchte, nur feine vollkommene Unfähigkeit zu irgendwelchem See- und Binnenverkehr größeren Stils erwiefen, und wenn es heute wirklich das zu 98 % deutfche Danzig verlangt und erhält, fo wäre der einzige Troft, daß diefer Seehafen alsbald die deutfch-amerikanifche Bafis wird für den Binnenweg Danzig-Odeffa und für die Wiederkultivierung Polens und Weftrußlands durch deutfch-amerikanifche Kulturarbeit. Wer die Riefenflüffe fieht und verfolgt, die Zufluß- und Abfallsverhältniffe ftudiert, fich von der Leichtigkeit überzeugt, mit der die Wafferfcheide zwifchen Oftfee und Schwarzem Meer überwunden werden kann, der muß in den damit gegebenen fchier unbegrenzten Möglichkeiten eines Großverkehrs auf Binnenwasserstraßen das wahre Heil für die bisher so vollständig abgeschlossenen fruchtbaren Länder Polens und Westrußlands erblicken. Hier kann sich der großzügige amerikanische Unternehmungsgeist, der von seiner Heimat her Riesenstrecken und aller Art Naturhindernisse zu überwinden gewöhnt ist, unter deutscher Mithilfe glänzend betätigen zum allseitigen Nutzen.

XI.

Der rein praktischen Gründe sind also genug vorhanden, die Amerika und Deutschland veranlassen müßten, in einen engeren wirtschaftlichen Bund miteinander zu treten. Der erste Einwand, dem ein solcher Plan begegnen wird, ist aber der: die Entente zielt auf wirtschaftliche und politische Vernichtung Deutschlands ab, und Amerika ist ein Egoist, der »nicht leicht um Gottes willen tut, was einem anderen nützlich ist«. Zunächst ist dagegen zu sagen, daß Amerika nicht die Entente ist. Es ist ihr nicht solidarisch beigetreten und hat schon häufig genug gezeigt, daß es keineswegs geneigt ist, sich von den Gedankengängen der Entente beherrschen und von deren politischen Velleitäten ins Schlepptau nehmen zu lassen. Dies um so weniger, als seine Gedankenwelt von der der Entente grundverschieden ist. Es ist nicht von altem Haß und Rachegefühl gegen Deutschland erfüllt wie Frankreich, das sich vor wahnsinnigem Übermut nicht lassen kann über den Triumph, den seine vier Bundesgenossen ihm endlich gegen den alten vermeintlichen Erbfeind erfochten haben. Amerika hat keinen Grund, wie ihn England zu haben glaubt, den vermeintlichen Konkurrenten auf dem Weltmarkt unterdrücken zu müssen und aus Furcht vor Antastung der angemaßten Alleinherrschaft auf See Deutschland zu vernichten. Es sieht klar und unbeeinflußt durch Leidenschaften, daß, wenn einmal die Gefahr des Friedensbruches seitens eines militaristischen, monarchischen Deutschlands beseitigt ist, die ganze Welt und vor allem Amerika selbst ein Interesse daran hat, daß ein blühendes, schaffensfreudiges Deutschland wieder erstehe. Die Amerikaner sind Realpolitiker genug, um sich zu sagen, daß man einen guten Kunden und einen unentbehrlichen Lieferanten nicht ruiniert. Sie werden auch die oben entwickelten Gedankengänge soweit zu den eigenen machen, daß sie alle die Möglichkeiten, die ihnen ein engeres Verhältnis zu einem leistungsfähigen Deutschland bietet, erkennen und zu verwirklichen streben. Sie sind stark genug, die mögliche Mißbilligung und Enttäuschung der Entente mit Gleichmut außer acht lassen zu können, da sie bei weitem die stärkste Macht in der ganzen Entente besitzen und als deren Führer gelten können.

Aber steht nicht auch zwischen Deutschen und Amerikanern der tiefe Groll, der auf Jahre hinaus ein freundschaftliches oder auch nur kühl geschäftliches Zusammenarbeiten unmöglich machen wird?

Gewiß, als seit dem Herbst 1914 es fast nur noch amerikanische Granaten waren, die unsere tapferen Männer töteten und uns den sonst sicheren Sieg aus der Hand rissen, da sah der Deutsche nur seine Toten und fragte nicht nach der theoretischen Neutralität und der Berechtigung Amerikas, demjenigen der Kämpfenden Kriegsmittel zu liefern, der in der Lage war, sie zu beziehen. Und als wir die »Lusitania« versenkten, weil wir überzeugt waren, daß sie den Tod für Hunderttausende der Unseren in ihrem Riesenleibe trug, da sahen auch die Amerikaner nur ihre Toten, und auf beiden Seiten entbrannte ein Zorn, der tief und echt war. **Aber jetzt sind wir quitt.** Der Zorn wird verrauchen, und die Wahrheit wird erkannt werden, und beide Völker werden erleichtert aufatmen, daß sie sich nicht mehr zu hassen brauchen.

Denn auch bei uns wird das Verständnis dafür aufgehen, warum Amerika von seinem Standpunkt aus in den Krieg eintreten mußte. Die objektiven und gründlichen Untersuchungen, die Professor Bonn in München in seinen verschiedenen Schriften dargelegt hat[1]), werden unvoreingenommenes Verständnis auch in der großen Allgemein-

---

[1]) Besonders: »Mußte es sein?« München, Georg Müller, 1919.

heit nur fördern können. Haß und Groll ift ein fchlechter Berater, befonders in der Politik. Möge bald unter allen Völkern die Erkenntnis dämmern, daß es beffer wäre, fich wieder zufammenzufinden zu gemeinfamer Kulturarbeit und gegenfeitiger Förderung, als das Gefpenft von Krieg oder Unterdrückung dauernd vor der gequälten Menfchheit ftehen zu laffen.

Noch ein anderer Einwand liegt nahe, und es ift nicht unmöglich, daß er gerade von den edelften Geiftern und Charaktern in unferem Volke erhoben werden wird. Wir haben ja zu unferem allertiefften Schmerz erleben müffen, daß weiten Kreifen unferes Volkes bei dem furchtbaren Sturz in die Tiefe nationaler Vernichtung auch das einzige noch verloren gegangen ift, was es fich hätte bewahren können und müffen: Würde und Haltung. »Die Schamlofigkeit unferer Feinde wäre leicht zu ertragen, wenn wir uns nicht fo quälend unferes eigenen Volkes fchämen müßten«, fo fpricht ein ernfter, frommer, deutfcher Mann, der doch immer zum Verftehen und Verzeihen geneigter ift als zum harten Anklagen [1]. Wir haben wirklich die Preisgabe des Nationalgefühls, ja das Streben, fich unter die Herrfchaft

---

[1] Johannes Müller, »Aus tiefer Not«.

der Feinde zu flüchten, nur allzu oft mit Empörung und Verachtung bemerken müssen. Aber wir haben auch — dem Geiste unseres Volkes sei es gedankt — den Stolz gefunden, der lieber bricht als sich beugt und jedes Elend auf sich nimmt, wenn nur die Ehre gerettet ist. Dieser Stolz ist es, der sich vielleicht gegen die Gedanken auflehnen würde, wie sie hier entwickelt worden sind. Es hieße ihnen unrecht tun und sie mißverstehen. Keine nationale Entwürdigung ist es, die hier dem deutschen Volke zugemutet wird; ganz im Gegenteil. Wenn der Starke auch am mächtigsten allein ist — der, der vorübergehend durch hartes Schicksal geschwächt worden ist, entehrt sich nicht, wenn er sich zunächst auf einen Stärkeren stützt, um wieder aufzustehen. Am allerwenigsten dann, wenn er die Überzeugung haben darf, daß es nicht Almosen, nicht Gnade ist, was er in Anspruch nimmt, sondern auf voller Gegenseitigkeit beruhende Mitarbeit. Auch bei den Völkern, wie bei den einzelnen bedeutenden Menschen, gibt ein jeder den Wert sich selbst, und es steht bei ihm, wie hoch er sich einschätzt. So wird es bei den Deutschen stehen, sich ebenbürtig zu fühlen dem Amerikaner gegenüber und das Verhältnis so zu gestalten, daß keinem je der Gedanke kommen kann, der eine sei der

Diener des anderen. Gerade der Amerikaner würde für eine folche Auffaffung gar kein Verftändnis haben. Nur die Unterwürfigkeit entwürdigt; die ftarke Natur wird fich unter allen Umftänden und in jedem Verhältnis durchfetzen. Gerade darin haben wir Deutfche fo häufig gefündigt, gerade dadurch haben wir uns fo vielfach die Sympathien der Beften in den anderen Nationen verfcherzt, daß wir der wahrhaft vornehmen Herrennatur nicht an dem inneren Bewußtfein Genüge fein ließen, fondern fie durch äußerliche Betonung zur Geltung bringen wollten. Wo wir herrfchen wollten, glaubten wir die Menfchen anherrfchen zu müffen. Die Befcheidenheit, die mit der wahren Vornehmheit des Herrenmenfchen harmonifch verbunden ift, haben wir nur zu oft unterdrückt. Es war eine noch aus den kleinen Verhältniffen ererbte häßliche Eigenfchaft der Deutfchen, daß auch der kleinfte Kaufmann und der kleinfte Beamte mit fcheeler Eiferfucht über feine Selbftherrlichkeit wachte und über dem Leben das Lebenlaffen oft vergaß. Diefe Kleinlichkeit hat uns viel Feinde gemacht. Dem anderen großzügig auch fein Gedeihen gönnen und nicht das Hauptbeftreben darein fetzen, ihm die möglichften Schwierigkeiten zu machen, ift für den Verkehr der höher entwickelten Menschen ein Haupterfordernis und das Kennzeichen ebenjener höheren Entwicklung. Zu viele von uns vergaßen auch, daß man sich nichts vergibt, wenn man höflich und hilfreich ist, und daß man sich selbst nur dient und erhöht, wenn man bei allem Selbstbewußtsein die Rechte des anderen achtet und auch dessen Interessen dient, wo man kann. Das ist kein Dienen, welches der Würde Abbruch tut, weder beim einzelnen noch beim Volke, und alles kommt nur auf den Geist an, in dem der Dienst getan wird, und der das Verhältnis zwischen zwei Genossen oder Mitarbeitern oder Verbündeten erfüllt und bestimmt.

Wir wollen uns auch dem nicht verschließen, daß wir durch die engere Berührung mit einem anders gearteten, aber durch viele innere Züge nahe verwandten großen Volk auch in seelischer Beziehung manches Gute und Nützliche aufnehmen können, und das wir es dürfen, ohne uns in unserem Rassenstolz erniedrigt fühlen zu müssen. Wir haben in all unserer Jugendbildung — denn der Bildungsprozeß hört nimmer auf, am wenigsten mit einem Schlußexamen — allzuviel Wert auf das Wissen gelegt, und über dem Wissen haben wir oft das Handeln verlernt, manchmal sogar das Denken. Inzwischen wuchsen Nationen heran, die bei der Formung ihrer Männer der Fähigkeit zum Wollen größeren Wert beimessen als der Menge des Wissens. Wir sind hart darauf gestoßen worden durch unseren Zusammenbruch; in seinen inneren Gründen zeigte er viele verwandte Züge mit dem von 1806, wo wir auf verwelktem Lorbeer selbstsicher ruhten und nicht hatten sehen wollen, daß anderswo neue Kräfte und neue Systeme gewachsen waren, die sich stärker erwiesen als die von uns streng und pedantisch gepflegten. Da heißt es rasch umschalten und lernen von dem, auf den wir pharisäerhaft von unserer Bildungshöhe herabzublicken nur zu geneigt waren. Wir hielten unseren Ring für den allein echten, trotzdem er uns vor Gott und Menschen angenehm zu machen die Kraft längst nicht mehr besaß. Lernen wir darum jetzt von Nathans bescheidenem Richter, und schließen wir uns frei und stolz, aber ohne Groll und Dünkel, mit dem zusammen, der seinem Ringe die größere Kraft zu verleihen verstanden hat.

XII.

Wer selbst in den Schrecknissen dieses Weltkrieges sich seine transzendentale Geschichtsauffassung und sein Vertrauen in den Fortschritt des Menschengeschlechtes nicht hat erschüttern lassen, in dem muß die Zuversicht lebendig geblieben sein, daß dieses furchtbare Weltbeben wohl eine der letzten blutigen Konvulsionen gewesen ist, die die Menschheit in ihrem Aufstieg durchzumachen hatte. Er muß darauf vertrauen, daß letzten Endes auch die furchtbaren Ereignisse der vergangenen fünf Jahre, das anscheinende Zurücksinken der Menschheit in die roheste Barbarei der gegenseitigen Vernichtung, dahin führen wird, den letzten Rest von Wildheit im Menschentum zu erschöpfen und auszutilgen. Und wenn der furchtbare Haß, in den sich die Völker gegenseitig immer tiefer hineinsuggeriert haben, ermattet sein wird, und die Notwendigkeiten des täglichen Lebens sie wieder lehren werden, daß gegenseitige Unterstützung und friedliches Zusammenwirken auch vom rein selbstischen Standpunkt des einzelnen aus vorteilhafter ist als Kampf und Vernichtung, dann steht zu erwarten, daß dem dauernden Völkerfrieden der Boden durch den Kampf nur sicherer bereitet worden ist.

Amerika hat das unbestreitbare und dauernde Verdienst, durch seinen Präsidenten den Versuch gemacht zu haben, dem Plan zu einer Friedensvereinigung der Nationen feste Form zu geben und die Grundmauern dazu in den Seelen der Völker zu verankern. Der Völkerbund, wie er in großen Zügen von Präsident Wilson entworfen worden ist, stellt unbestreitbar die Grundgedanken dar, auf denen eine Völkervereinigung zur Sicherung des Weltfriedens geschaffen werden kann; nie wird das vom Präsidenten Wilson in den Seelen der Völker entzündete Feuer wieder verlöschen, so viel und häufig auch die Versuche sein mögen, es in Rauch und Qualm zu ersticken.

So sehr man von Amerika überzeugt sein kann und muß, daß es vollständig selbstlos und im Interesse der ganzen Menschheit sich zum Führer und Vorkämpfer der großen Friedensbewegung gemacht hat, so eifrig haben sofort die europäischen Ententestaaten versucht, den ganzen Gedanken, den sie nicht ersticken konnten, wenigstens für ihre Zwecke umzugestalten und zu mißbrauchen. Schon die Versuche, Deutschland von vornherein auszuschließen oder erst nach langer Wartezeit unter besonderen Bedingungen als Mitglied dritter Klasse zuzulassen, widersprechen dem Wesen des ganzen Gedankens von Grund aus und würden seine Ausführung zu einem Hohn auf seinen wirklichen Zweck machen. Es scheint in neuester Zeit, daß gerade die Versuche des Mißbrauchs mit den neuen großen Gedanken, die von seiten der europäischen Ententestaaten ausgegangen sind, nunmehr auch weite und bedeutende Kreise in Amerika scheu gemacht haben. Bei der Verhandlung über den Plan eines Völkerbundes sind im Senate zu Washington seitens der Senatoren Borah und Reed so schwere Bedenken dagegen geäußert worden, daß die Annahme des Planes nur mit geringer Mehrheit erfolgte. Die Bedenken gründeten sich hauptsächlich auf die Befürchtung, daß England allein der Nußnießer des Völkerbundes sein würde, d. h. daß England und Frankreich zusammen eine derartige Gestaltung und Leitung des Bundes durchsetzen möchten, daß er allerdings ganz zu Nuß und Frommen des welt- und seebeherrschenden Englands wirksam werden könnte. Die einfache Schlußfolgerung hieraus ist die, daß Amerika nur dann derartigen Machenschaften begegnen und den wahren Geist des Völkerbundes aufrechterhalten könnte, wenn es nicht allein stünde, sondern unter den europäischen großen Nationen einen unbedingt sicheren Rückhalt und eine feste Stütze fände. Nur dann wäre es sicher, jedem Versuch der Majorisierung oder der Verdrängung der Grundgedanken der neuen Weltpolitik begegnen und seine eigenen großen Ziele im Interesse der Menschheit durchsetzen zu können.

Hierfür kommt nur Deutschland in Frage.

Nicht bloß deshalb, weil, wie aus dem vorstehenden ersichtlich ist, ein Zusammengehen der beiden Völker in wirtschaftlicher Beziehung beiden zum außerordentlichsten Vorteil gereichen würde, sondern auch weil gerade das deutsche Volk das tiefste Verständnis besitzt für die großen Ideen, zu deren Verkünder sich der amerikanische Präsident gemacht hat. Dies mag erstaunlich klingen in einer Zeit, wo die Völker dieser Erde, durch eine Massensuggestion beeinflußt, in dem deutschen Volke immer noch nichts anderes als den Anstifter und grausamen Führer des Weltkrieges sehen wollen, und wo gerade der Völkerbund zu einem Mittel gemacht werden soll, die Gefährlichkeit und Roheit des deutschen kriegerischen Geistes in Schranken zu halten. Aber wer das deutsche Volk wirklich kennt, und es gibt genug solcher Leute gerade in Amerika, wer seine Geistesgeschichte beherrscht, der weiß, daß der furor teutonicus nur dann die Herrschaft gewinnen konnte über den Geist Kants und Goethes, wenn das Volk gerade seine heiligsten geistigen Güter und seine gedeihliche Friedensentwicklung von böser feindlicher Verschwörung angegriffen und gefährdet glaubte. Man soll ihm auch nicht immer wieder vorhalten, daß seine Regierung, vertreten durch einen General und einen Diplomaten der alten Schule, sich im Haag den internationalen Versuchen zur Ausgestaltung des Völkerrechts ferngehalten, ja entgegengestellt habe. Denn einmal war es keineswegs das Volk, welches dahinter stand. Die damaligen Aktionen der Regierung gingen vollkommen unbemerkt am deutschen Volke vorüber; kaum daß Völkerrechtsprofessoren sich für die Vorgänge interessierten und geistigen Anteil daran nahmen. Die rein diplomatische Behandlung der Angelegenheit hatte sie nicht volkstümlich gemacht, und die ganze Form, in der die rein juristischen Klauseln einengender Vorschriften und Reglementierungen den neuen Gedanken in Erscheinung treten ließen, waren keineswegs geeignet, die Tiefe seines Inhalts und die ungeheure Größe seiner Bedeutung, seine ganze ethische Schönheit im Herzen der Massen fühlbar zu machen. Und wenn auch dann während des Krieges immer mehr und in immer weiteren Kreiſen der Abſcheu vor dem Kriege und der Wunſch nach menſchenverbindender Völkerverbrüderung in Deutſchland lebendig wurde, ſo mußte er doch niedergehalten werden, ſolange man das Vaterland noch in Gefahr der gewaltſamen Vernichtung wußte und dieſe Vernichtung mit Anſpannung aller phyſiſchen und moraliſchen Kräfte der Nation verhindern zu können glaubte. Jetzt ſteht es anders. Jetzt dürfen alle dieſe bisher niedergehaltenen Friedensenergien frei werden, und es wird ſich zeigen, nicht nur wie ſtark ſie durch den Krieg geworden ſind, ſondern auch wie tief ſie im ganzen Geiſtes- und Gemütsleben des deutſchen Volkes gewurzelt haben. Es wird ſich dem Unbefangenen offenbaren, daß es nicht die Feigheit iſt, die ſich jetzt, wo die Gewalt gebrochen wurde, zu dem Friedensgedanken flüchtet, ſondern tiefinnere Überzeugung, die endlich ans Licht darf.

Und darum, ſo paradox das klingen mag, wird Amerika an Deutſchland die beſte Stütze ſeines großen Planes finden. Wenn ſich erſt die Rauchſchwaden verzogen haben, die aus dem verglimmenden Kriegsfeuer noch aufſteigen und die klare Überſicht verdunkeln, wird dies immer deutlicher werden. Und wenn Amerika dann für die wahre und reine Völkerbundsidee in Europa einen so starken Mitkämpfer hat — auch dies Wort klingt paradox — wie Deutschland, dann braucht niemand in Amerika mehr zu fürchten, daß der Völkerbund nur englischen Interessen dienen könnte; dann braucht es selbst nicht mehr wie jetzt Konzessionen zu machen für die Ausführung seiner Gedanken, die diese in ihrem Wesen verändern und entstellen, nur weil es sonst überhaupt dem Gedanken nicht zur Gestaltung verhelfen könnte.

Manche gute Kenner der Verhältnisse drüben während des Weltkrieges behaupten (so Bonn a. a. O.), Amerika habe einen Präventivkrieg gegen die deutsche Gefahr geführt. Auch wer an die deutsche Gefahr geglaubt hat, muß überzeugt sein, daß sie gründlich beseitigt ist und keine vermeintlichen Eroberungspläne des deutschen Militarismus die Welt beunruhigen. Aber der Ausgang des Krieges ist dennoch ein ganz anderer gewesen, als Amerika gewünscht und erwartet hat. »No victory« war seine Parole gewesen. Ein Frieden ohne Sieg sollte den Krieg beenden; es sollte nicht Sieger und Besiegte geben, damit der friedliche Geist, der die Grundlage für den Völkerbund bilden sollte, nicht durch den Groll des Besiegten, den Hochmut des Siegers beeinträchtigt werde. Nun ist es anders gekommen. Der Übermut des englischen und besonders des französischen Siegers wirft alle Erwartungen über den Haufen. Hier liegt jetzt die Gefahr für die Zukunft, und wenn Amerika sein großes Friedenswerk unbeirrt fortsetzen will, so muß es sich jetzt gegen diesen Übermut seiner bisherigen Freunde mit der gleichen Tatkraft wenden, wie es früher gegen die Auswüchse des deutschen Militarismus kämpfen zu müssen glaubte. Es wollte einen Kreuzzug führen, für das Recht kämpfen; nur dafür ist der Amerikaner mit Begeisterung in den Krieg gezogen. Aber es kann scheinen, als ob der Kreuzzug jetzt erst anfangen müßte, als ob er jetzt um so schwerer würde, weil er nicht mehr mit der ultima ratio regum geführt werden kann, sondern nur mit politischen und diplomatischen Waffen. Und in diesem Kreuzzug wird Deutschland auf Amerikas Seite stehen, und kann ihm zum Siege helfen. So wenig sich Amerika auch künftig, trotz des Eintritts in die europäische Politik, auf »entangling alliances« wird einlassen wollen — kein Volk wird das mehr tun sollen —, so wenig wird es die Vorteile von der Hand weisen, die ihm kommerziell und politisch für die Durchführung seiner weltgeschichtlichen Vorhaben die deutfche Mitarbeit bieten kann. Es hat fich nicht in dem Traum gewiegt, daß fich fofort Recht an die Stelle von Macht fetzen laffen würde im Verkehr der Völker untereinander: Machtäußerung wird nötig fein, um die neuen Ziele zu erreichen. Aber es wollte an Stelle der militärifchen Machtmittel die ökonomifchen fetzen. Unmöglich würde ihm dies gelingen können, wenn es in Völkerbundsfragen allein gegen Frankreich und England ftünde: der befte Siegespreis, den Amerika fich gewinnen könnte für diefen Krieg, wäre eine Intereffengemeinfchaft mit Deutfchland, die auf geiftiger, handelspolitifcher und weltpolitifcher Gemeinfchaft beruht.

Die neue Zeit, die für die Völker der Erde anbricht, wird auch neue Formen fchaffen für ihr Verhältnis zueinander, weil diefes einen neuen Inhalt haben wird. Sie wird weder das Defenfivbedürfnis noch den Handelsvertrag, noch den einzelnen Schiedsvertrag kennen. Der Handelsvertrag ift in den leitenden Gedanken für den Völkerbund, die Wilfon aufgeftellt hat, ausdrücklich ausgefchloffen. Wefen und Zweck des Handelsvertrags ift, daß zwei Völker fich gegenfeitig den Handelsverkehr miteinander leichter machen als jedem anderen Volk. Das foll künftig als dem internationalen Frieden und guten Willen abträglich ausgeschloffen fein und eine allgemeine Meiſtbegünſtigung grundſätzlich feſtgeſtellt werden. Das wirtſchaftspolitiſche Verhältnis, wie es zwiſchen Amerika und Deutſchland gedacht wird, ſoll aber in allem anderen als in gegenſeitigen Einfuhrvergünſtigungen beſtehen und keineswegs eine Spitze gegen die anderen Völker haben, wie ſie ſonſt jedem Handelsvertrag eigen iſt. Es ſoll im Gegenteil die Leiſtungsfähigkeit der beiden Völker für den Welthandel und für die Belieferung der Welt erhöhen.

Aber die neue Zeit darf auch nicht mehr Bündniſſe kennen zur Vernichtung eines Dritten. Die Politik, die England und Frankreich ſeit Beginn des Waffenſtillſtandes führen, bedeutet ein ſolches Bündnis: denn Frankreich allein könnte ſie niemals durchführen. Dieſen Bund zur Vernichtung und dauernden Niederhaltung Deutſchlands unſchädlich zu machen, iſt Amerikas Pflicht gegen ſich und die Welt, der es dauernden Frieden ſichern will. Wenn aber Frankreich immer wieder ſeine Furcht vor einem wieder erſtarkenden Deutſchland und die Notwendigkeit betonen ſollte, es dauernd kampfunfähig zu machen, ſo ſetzt das hier befürwortete Verhältnis zwiſchen Deutſchland und Amerika dieſes in die Lage, Gewähr dafür zu übernehmen, daß Deutſchland den Frieden nie breche und alle ſchuldigen Zahlungen leiſte. Es bedarf dann nicht einer internationalen Aufſichtskommiſſion nach Art der dette publique in Türkei und Griechenland, die Deutſchland entwürdigen und Quelle internationaler Reibungen ſein würde. Amerika wird Einſicht in unſere Buchführung haben und unſere Finanzgebaren beeinfluſſen können: ihm allein geſtehen wir das Recht und die Fähigkeit zu, eine Aufſicht auszuüben.

Frankreich will endgültig die deutſche Gefahr beſeitigen: aber quis custodiat custodem? Wer wird die franzöſiſche Gefahr beſeitigen, die ſich ſeit dem Waffenſtillſtand immer deutlicher in dem franzöſiſchen Geiſt der Rache und der Überhebung zeigt? Hier iſt, wenn England ihm dauernd ſekundiert, ſtatt auf Mäßigung zu dringen, eine neue Gefahr für den Dauerfrieden in der Bildung begriffen, die größer iſt als die vermeintliche deutſche, und es hieße Beelzebub mit der Teufel Oberſtem austreiben, wenn Amerika dies geſchehen ließe. Ohne irgendwie genötigt zu ſein, ſich g e g e n Frankreich zu wenden, müßte es in der Lage ſein, dieſes in d e n Schranken zu halten, die das neue Verhältnis der Völker zneinander jedem Volk ſetzt in der Verfolgung felbſtiſcher Ziele; das iſt der Fall, wenn es künftig nicht als ferner Vorſitzender des Völkerbundes, ſondern durch das wahlverwandte und in ſeinen Intereſſen gleichgerichtete Deutſchland dauernd in Fühlung mit den europäiſchen Völkern ſteht und mitten unter ihnen walten kann, ohne ſeine kontinentale Unnahbarkeit aufzugeben. Washingtons Teſtament verbietet verſtrickende politiſche Bündniſſe. Es kann dieſem Grundgeſetz treu bleiben und doch, wie Iſmail einſt von Ägypten, ſagen: »nous faisons partie de l'Europe«.

Es iſt am Eingang auf die Entwicklungserſcheinung des Krieges im allgemeinen hingewieſen worden: daß er immer größere Einheiten als Gegner braucht und ſeine Möglichkeiten erſchöpft hat, wenn er bei den größten angelangt iſt. Nur Kontinent gegen Kontinent ſtünde noch bevor; wenn, wie es vielfach als im natürlichen Zuge der Entwicklung liegend angeſehen wird [1]), die europäiſchen Nationen ſich zuſammenſchließen, ſo können interkontinentale Spannungen entſtehen, die zu neuer Entladung drängen. Die enge Berührung Deutſchlands mit Amerika gleicht die Spannungen ohne Funken dauernd

---

[1]) So auch Nicolai in ſeiner »Biologie des Krieges«.

aus und verhindert so die Bildung neuer Kriegsgefahr.

Deutschlands nationale Selbständigkeit bleibt sicherer begründet, wenn es die politische Symbiose eingeht mit Amerika, als wenn es der Feindseligkeit seiner heutigen Gegner im Völkerbunde dauernd ausgesetzt ist oder ihre Gnade erwerben muß. Daß es seine geistige Selbständigkeit nicht aufgibt, dafür sorgt die Kraft, die auch in der Zeit tiefsten Elendes ungebrochen in seinem Volkskörper lebendig bleiben wird. Ein 70-Millionen-Volk, das solches geleistet und solche Geister hervorgebracht hat wie Deutschland, kann nicht untergehen. Es niederzuhalten hieße die Welt ärmer machen.

Aber vor allem: Deutschland gehört mit Amerika zusammen, denn trotz aller Erschütterung ist es, wie dieses, das Land der Zukunft, hat es, wie dieses, eine nationale Mission in der künftigen Welt, die ihm heilige Pflichten der Selbsterhaltung auferlegt. Nicht das war der Zweck seines jetzigen tragischen Geschickes, daß es, wie einst das begabteste Volk der alten Kulturwelt, zertrümmert werde und verstreut über alle Völker des Erdballs; bei ihm würde auch sein Geist damit erlöschen, der nur aus heimischer Erde Kraft gewinnt und in der Zusammenfassung aller geistigen Kräfte sein Höchstes leistet. »Die Menschen gedeihen nur an der geheimnisvollen Wärme eines nie gesehenen Sternes,« hat Paul de Lagarde gesagt; der Stern ist für den Deutschen die Deutschheit seines nationalen Idealismus. Diesen zu läutern, war der Zweck unserer Erniedrigung; ihm die reale Unterlage zu neuem, reinem Erheben wieder zu schaffen, ist die Aufgabe des Tages und die Pflicht für das große Morgen, das ein innerlich freies und innerlich starkes Deutschland finden soll.

Frankfurt a. M., am 16. März 1919.

Printed by Libri Plureos GmbH
in Hamburg, Germany